九型人格

应用心理学

蔡万刚◎著

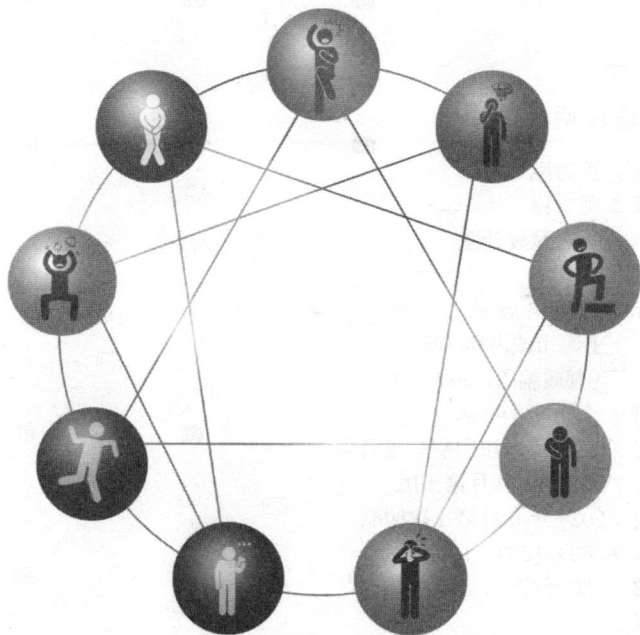

文汇出版社

图书在版编目 (CIP) 数据

九型人格应用心理学 / 蔡万刚著 . — 上海 ：文汇
出版社 ,2018.10
  ISBN 978-7-5496-2720-2

  Ⅰ . ①九… Ⅱ . ①蔡… Ⅲ . ①应用心理学 – 通俗读物
Ⅳ . ① B849-49

  中国版本图书馆 CIP 数据核字 (2018) 第 211292 号

九型人格应用心理学

著　　者 / 蔡万刚
责任编辑 / 戴　铮
装帧设计 / 天之赋设计室

出版发行 / **文匯**出版社
　　　　　　上海市威海路 755 号
　　　　　　（邮政编码：200041）
经　　销 / 全国新华书店
印　　制 / 三河市嵩川印刷有限公司
版　　次 / 2018 年 10 月第 1 版
印　　次 / 2024 年 5 月第 4 次印刷
开　　本 / 880×1230　1/32
字　　数 / 130 千字
印　　张 / 7

书　　号 / ISBN 978-7-5496-2720-2
定　　价 / 38.00 元

序　言

认识这九个人，
你就认识了全世界

一、人生这张网

人一生要跟多少人打交道？

从出生起，我们就与父母产生了社会关系，不出意外的话，整个家族的人都会是我们打交道的对象。

一般来讲，一个家族中的人，再加上亲戚，不管亲疏远近，林林总总算起来可能超过了 50 个人。就算你不愿意跟族人、亲戚多走动，也最少要与其中的 20 个人产生比较亲密的联系。

这就是 20 个人了。然后，我们上学了。在小学里，你不跳级、不转校，就只跟同班同学来往，那最少也要跟 50

个左右的人朝夕相处达 6 年之久。当然，随着毕业，这 50 个人中以后你常联系的可能也就剩下十来个了。

算上前面说过的族人、亲戚，在你十几岁出头的时候，你已经有了 30 个人的关系网。然后是中学，在这段时间里，你的朋友圈开始扩大，除了同班同学，你可能还会主动、被动地结识其他人。你的关系网进一步扩大，达到了将近 100 个人，而其中最少有 50 个人是需要你认真对待的。

当然，这时候你可能还没有意识到这 50 个人的社会关系对你来讲有多重要。因为年轻，我们总是觉得未来有无限的可能，要走更长的路，认识更多的人，交更多的朋友。

接着，你上大学了。这时候你意识到了朋友的重要性，开始主动去认识别人，维护社会关系。

于是，大学毕业后，你关系网里的人数已经达到了三位数。对大多数年轻人而言，这 100 个人是你的人脉基本盘。因为，这辈子你最亲的亲人在里面，最好的朋友大多也在其中。

不过，人的一生需要的不仅仅是至亲和好友，也需要事业上的合作伙伴。所以，当大学毕业后，你会迎来一个人际关系网迅速膨胀的时期。

据统计，在都市里工作的大部分人一辈子至少会跟 200 个人产生工作上的联系。这 200 个人组成了你人际关系网中的"工作盘"，虽然你不见得喜欢其中的每一个人，但这是你必须要维护的人际关系。

就这样，人际关系的基本盘和工作盘加起来的话，你一生最少要跟300个人产生密切的联系。这张庞大的社会关系网交织着你的喜怒哀乐，网罗着你的成功失败。有了这张网，你不再孤独，可以享受到关注和被关注的乐趣。

可与此同时，你生命里的大部分挫折、创伤也会从这张网里孕育而出，你可能会遭到来自其中的算计、伤害、打击……

这是一张复杂的网，而你越想要成功，就越要把这张复杂的网编织得更大，越要了解其中的每一个人。如果你没能找到将这项工作简化的方法，那么，你想要维护好这张网恐怕是很难了。

二、九型人格法则

全世界只有九个人，这个观点来自九型人格理论。

对不同的人进行分类，历来是心理学和社会学研究的主要内容。事实上，这件事不仅仅只有心理学家、社会学家在做，每个人在生活中都会有意无意地对身边的人进行分类。

比如，我们遇到了一个人，他沉默寡言，不爱说话，我们就会想："这个人比较内向。"相反，如果他话很多，特别喜欢交朋友，我们则会想："这个人很外向。"

在此过程中，我们就把人分成了两种类型：内向型和外向型。

再如，有时候我们会根据人的性格进行分类：一个人脾气火暴，我们会认为他是"急脾气"；一个人性格比较好，从来不生气，我们会认为他属于"稳重"的那类人；一个人特别聪明，我们就会把他归到"聪明人"的行列中……

这些分类方法都有一定的道理，但是少了实用性，因为它们没有抓住人性中最关键的部分——追求和欲望。而九型人格法恰恰是一套根据人的追求和欲望来给人群进行分类的理论，具有科学性。

一个人的追求和欲望，决定了他的思维方式和行为方式。这里所说的"追求和欲望"并不是指物质层面的，而是每个人内心深处对自己的人生定位。

九型人格理论将此分为九种：

第一种人属于完美型人格。他们最基本的追求是进步。他们总是试图不断完善自己各方面的能力，因为在他们的心里始终有一个声音："我若不完美，就没人喜欢我。"

第二种人属于给予型人格。他们最基本的追求是帮助别人。他们认为，人生的意义就是帮助别人，赢得大家的认可。

第三种人属于成就型人格。他们最基本的追求就是所谓的成就。他们对于目标是狂热的，因为实现目标能带给他们巨大的成就感，而失败则会让他们感到一事无成。

第四种人属于自我型人格。他们毕生都在做一件事："我要跟其他人不一样。"对他们而言，自己如果跟大多数人一样的话，那就是最大的失败。

第五种人属于理智型人格。他们最大的乐趣就是追求知识。他们是理论家、"数据控"，身上有难以掩饰的老学究气质。

第六种人属于疑惑型人格。他们追求的是安全感，但恰恰属于最缺乏安全感的那类人，他们脑子里最常想的事情是："我会遇到哪些危险？如何避免这些危险？"

第七种人属于活跃型人格。他们所追求的事物很简单，那就是快乐，这一追求的副产品是新鲜、好玩、刺激。

第八种人属于领袖型人格。他们所追求的是控制他人、达成目标。对他们来讲，"做决定"是这个世界上最有意义的事情。

第九种人属于和平型人格。他们在努力避免一切冲突，总是希望全世界的人都能达成一致。生活里，他们有个专用的称呼——"和事佬"。

这就是九型人格理论中的九种人，这九种人的追求和欲望加起来就形成了我们身处的这个世界。

古话说，"天下熙熙，皆为利来；天下攘攘，皆为利往"。这句话虽然是不变的真理，但是没有阐明不同的人追求的到底是哪一种"利"，而这恰恰是九型人格要告诉大家的事情。

目　录

第一个人

完美的"失败者"

从表面上看，不管完美型人格的人有多复杂、多深沉，实际上，他们在内心深处有着单纯的追求和简单的幸福。虽然不能说他们是白纸一张，但也足够可以看得通透。

1 完美型人格色彩——白色

一型人格——完美型人格的某些特质，白色可以在某种程度上代表：白璧无瑕、白面儒冠、白水鉴心。

从表面上看，不管完美型人格的人有多复杂、多深沉，实际上，他们在内心深处有着单纯的追求和简单的幸福。虽然不能说他们是白纸一张，但也足够可以看得通透。

有时候，完美型人格的人捉摸不透，这并不是因为他们心机有多深、谋虑有多远，而是他们总在试图将一件事情的每一个细节都照顾到，每一点不确定性因素都考虑到。

因此，很多在他人眼中只需要按部就班就可以完成的事情，到了完美型人格的人手中总会被重新层层分解，变得复杂起来。正因如此，他们虽然能力强、目标明确、做事有条理，可是往往会被细节所误，陷入平庸者的行列中。

如果你是一个完美型人格的人，那么请记住四个字："难得糊涂"。对大部分人来讲，这四个字是失败后的托词，但对完美型人格的人来讲，是通向成功的秘诀。

➤ Z 先生，成功学的"黑洞"

Z 先生是我的朋友，也是很多人的朋友。这里所说的"朋友"，指的是知交、至交，而非泛泛之交。

Z 属于最值得交往的那类人，真诚但不鲁莽，睿智但不狡猾，时常能给人一些启发、建议，但绝没有好为人师、居高临下的姿态。总的来说，作为朋友，他真是太完美了。

即便有这么多优点，Z 也从来不缺能力和眼界。事实上，如果以传统的标准来衡量的话，他不是一个成功者，但也绝算不上失败者，因为他有一份普通的工作，拿着不多不少的报酬，过着不咸不淡的日子。

Z 对此不甚在意，他对自己的生活还算挺满意的。倒是我曾经不止一次地听到周围与 Z 相识的那些人说："Z 这个人啊，论能力、论德行都不差，绝非池中物，奈何总是缺那么一点点运气，否则会很成功的。"

说实话，有时候我也会有类似的想法，可我的职业不容许我将一个人的成败归结于命运。

所以，在很长一段时间里，我总在想："到底是什么原因让一个能力出众的人始终平庸呢？从心理学的角度去分析的话，其中有哪些必然和偶然呢？"

之后的三年里，我跟 Z 的关系与日俱增，对他的了解也越来越深。随着认识的加深，我越来越觉得他身上绝对存在优秀的品质，但他的"平庸"也并非偶然。

也许，很多人尤其是信奉所谓成功学的人对我的这个说法肯定不认同，因为成功学总是将"优秀"和"成功"画上等号，认为优秀的人必然会获得成功——当然，这种观点也并非全无道理。

可到了 Z 这里，成功学的"定理"失效了，因为他是一个成功学的"黑洞"。如果将他的人生历程以世俗标准加以演绎的话，会吞噬很多希望借助成功学鼓起勇气奋力前行者的希望之光。

大多成功学的观点认为，只要具备了如下品质，即可获得成功：

1. 思维细致缜密；

2. 做事全力以赴；

3. 不轻言放弃；

4. 成功具有冲击性；

5. 会被强烈的成就感所驱使。

而这些品质，Z 都有。

做 Z 的上司是一件非常省心的事情，因为给他指明一个大概的方向，他就会全力以赴地去达成目标——是的，全力以赴。

更重要的是，Z 可以主动去探求各种可能性——自己探路，而不是等待下一个"指示"。他手头总是有事可做，而且是必要的事情——做起事来也是思维缜密，且具开拓性。

遇到困难时，Z 总有办法应对，大多时候，他还会找到处理问题的最佳方案。

但是，当有些问题不存在最佳解决方案必须用笨办法去解决的时候，他也会瞬间从智者变成"愚公"，但他仍会以不懈的付出达成预期——不轻言放弃。

做事情的时候，Z 的目标不是"完成要求"，而是做到最好——最起码是比上一次好，并且能够进行总结和反思。

有些事情在他人眼里只是平常任务，只要每次都能做到及格就够了，但是，对 Z 而言，"60 分万岁"是不行的。如果第一次他做到了 60 分，那么下次一定会做到 70 分，只要给他时间和机会，他总会做到 100 分——成功具有冲击性。

Z 是个被成就感驱动的人，而且，不仅实现目标会带给他极大的成就感，就连在实现目标的过程中所制定出的"完美程序"都会给他带来极大的成就感——他会被强烈的成就感所驱使。

你看，成功学认为一个人所需要具备的品质，Z 全部具备。看到这里，或许很多人会质疑：这样的一个人，怎么会被"埋没"呢？这不科学啊！

关于这个疑问，暂不回答，我想先讲一讲发生在 Z 身上的一件事情。

Z 的大学生活是在国内一所名校中度过的，学校的学习氛围很浓厚，图书馆每天早上过了 7 点钟之后就一座难求了。

Z 每天都会去图书馆看书，为了能占到座，他每天都会在 6 点钟起床；6 点 20 分去食堂吃早点；6 点 40 分准时来到图书馆，找一个灯光好、通风的座位，摆好书本、文具，先把座占上。

他每天的饮水量一定要达到六杯，因此，占好座之后，他会起身到楼道里的公共饮水机去接开水。大多时候，当他接完开水回到座位上之后，时间正好是 7 点钟。

Z 给我讲述这段"历史"的时候，说了这样一段话："只有当我把一切准备工作都做到位之后，看书才最有效果。如果因为一些突发状况导致我来不及吃早点就去图书馆，或是到了图书馆之后没有找到好的座位，我就会觉得这次自习的效果要打折扣。甚至，有时候我打水回来得晚了，超过了 7 点整才开始自习，我就会很难受。"

说完这番话，Z 问我："你这是这方面的专家，你说这是不是强迫症？"

"强迫症"这个概念现在很火，所以，很多人会把自己的一些行为与它结合到一起来分析。

事实上，当我听了 Z 的描述之后，第一时间想到的并不是所谓的强迫症，而是某位导师曾经跟我说过的一句话："完美主义者的致命缺陷，在于忽视逻辑起点的荒谬！"

也正是 Z 所讲述的小故事和导师曾经教导我的话，让我突然间找到了一个破解"成功学黑洞之谜"的线索。而顺着这个线索，最终我也对 Z 这类人的命运轨迹有了一些心理学上的认知。

这个认知过程比较复杂，接下来我会尽量简单明了地加以阐述，在此之前，我先把结论说出来——某些完美主义者之所以难以获得成功，是因为：

一、完美主义本身就是一种僭越，因为这个世界的"细节"是无限的，而完美主义者希望以有限的人力改造无限的细节，最终一定会招致失败；

二、完美主义者总是在进行过度评价和自我评价，而这分散了他们对核心目标的专注力——虽然他们不缺乏毅力和执行力，但是缺少了一些"不忘初心"的定力。

▶ 细节不如关键

Z 先生足够优秀，却不够成功。这不是悖论，而是客观事实。

我曾经小心翼翼地问 Z："你对自己现在的生活满意吗？你觉得自己算得上成功人士吗？"

Z 先生比我想象中的样子要坦荡得多，他呵呵一笑，说："我先回答你第二个问题，我不成功。可能是我对自己的能力估计错了吧，我总觉得自己本来应该做得更好，比大多数人更好——实际上，我很一般，所以谈不上成功。

"至于第一个问题嘛，我只能说，虽然我对生活的太多期望都没能实现，这一度让我非常、非常——怎么说呢，非常沮丧吧，不过，好在我想得开。或许平庸就像生老病死一样，对我而言更像是宿命。"

看来连 Z 都怀疑自己的人生是否陷入到了某种定论当中。但我不这么认为，因为在我看来，Z 的一个错误认知在很多时候导致了他的"失败"——这个认知就是"细节决定成败"。

我知道，我这样说很多人会不同意，因为大家都把"细节决定成败"这句话当作金科玉律，视为理所当然。但在我看来，真正决定成败的不是"细节"，而是"关键"。

细节和关键的最大区别在于，任何事物所包含的细节几乎都是无限的，但是其中有那么几个重要的细节支撑起了事物的主要属性，而这几个重要的细节就是关键。

正因为关键和细节存在必然的联系，所以才会有人将二者的概念混淆，认为细节就是关键，进而觉得所有的细节都是决定成败的重要因素——结果就如同 Z 那般陷入到了无休止的"细节陷阱"中，反而忽略了关键。

熟悉中国历史的人都知道，楚汉战争中，刘邦与项羽的实力对比在一开始是朝着项羽一方倾斜的，战场的局势也是如此。

战争初期，刘邦节节败退，尤其是在彭城之战中，刘邦更是几乎全军覆没。后来，刘邦集合了剩余的全部力量，在成皋与项羽展开争夺战，史称"成皋之战"。

这一战，刘邦若胜，便可止住颓势，暂时扭转战局；若再败，则会彻底失去争夺天下的可能。结果，刘邦几乎动用了自己所有的军力，毕其功于一役，取得了胜利。楚汉战争的风向也由此转变，刘邦最终夺取了天下。

可见，成皋争夺战是决定整个楚汉战争结果的关键所在，而刘邦抓住了关键，所以虽然之前他输了很多次，最终还是赢了。

反观项羽，他可以说是军事天才。每一场战争，他都务求必胜，似乎只有如此才能不辱没他"战神"的名望，但他偏偏把力量用得太匀了，没有抓住关键，最后导致了失败。

这就是细节和关键的区别。

不是说细节不重要，而是说一个人在做事的时候，要先找到关键，在把关键处理好的前提下再尽量去完善细节。如果把大部分精力都用在了处理不重要的细节上，不能找到关键，那绝对会事倍功半。

Z 就存在这个问题，他太完美主义了，太重视细节了，所以有时候会忽视关键。他不是没能力找出和处理关键问题，而是因为重视细节，所以导致了精力分配得太匀，没有多余的精力来攻克关键问题。

想明白这些问题之后，我一直在考虑如何把我的看法说给 Z 听，只是我需要一个好的切入点。

某天，我跟 Z 一起吃饭。席间，我们聊起了目前流行的聊天软件。

Z 说："微信这个软件能够从异军突起到今天一家独大，还是很了不起的，关键在于它的细节做得太好了。尤其是这个朋友圈功能，能在短时间内吸引到这么多用户，就是因为细节足够出色——无论是版面的设置、查看留言的方式，还是内容的推送，这些细节都做得太好了。"

我点点头说："不错，微信的成功与细节做得好有直接关系，但是我觉得有一个关键性细节刚才你没有说。"

Z 问我："是什么？"

我说："就是那个红点。"

Z 马上就说："对对对，那个红点的设计太棒了，每当我看到那个红点出现，哪怕我并不想知道是谁更新了什么内容，也总忍不住会点一下——这一点就进入到朋友圈界面里去了，然后就会顺理成章地看看里面到底有哪些新内容。"

最后，Z 问我："你说说，这个红点的魔力到底为什么会这么大？"

我想了想，问："你知道人的身体有排异反应吧？"

Z 点点头说："当然知道。"

我说："其实，人的心理也会有排异反应。当一个异物出现在你熟悉的场景中时，它就会引起你格外的关注，甚至会给你带来一些不适感。微信界面就是你熟悉的那个场景，红点就是那个异物——它的出现会引起心理上的排异反应，所以你才会想'消灭'掉它。"

Z 点头称是，笑着说："这个细节真是太贱了。"

我说："这看起来是个细节，其实是关键。要知道，朋友圈推广最大的难题就是引流——打开微信之后，第一个出现的界面肯定是聊天界面，这是微信的重要功能，不可能更改。所以，如何让用户主动去切换界面是朋友圈成败的关键，而那个红点在此起到了决定性作用。

"其实，做事也是一样，我们先用最大的精力和智慧去突破关键问题，再去完善其他细节，才能把事情做好。"

Z何其聪明，他马上就意识到我最后的总结陈词意有所指。他没有立刻做出回应，沉默了一会儿才说："你是在提点我。"

我赶忙说："'提点'万万不敢当，只不过，我觉得有时候你太过追求过程的完美了——你不妨换一种思路，放下对细节的执着，以结果为导向，就算过程不那么完满，但只要结果达到就可以了。"

Z又沉默了。过了一会儿，他才说："其实，你说的这些话我都明白，可是，人的性格一旦形成，很难转变。"

▶ "灾难思维"

完美型人格的人是思想家，他们对待目标严肃认真，强调做事的先后次序和组织性，崇尚美感和才智。所以，这个世界上如果没有完美型人格，我们将失去无数的诗人、画家、科学家等千千万万把事情做到极致、推动社会进步的伟大人物。

但是，完美型人格本身并不完美，也有一些缺陷。这类人对自己的评价非常苛刻，也正因如此，他们希望把每件事都要做到最好，而这会极大地分散他们的精力。

所以，完美型人格中的那些伟大人物，他们的精力往往要比一般人充沛得多，也更具智慧。在抓住关键问题的同时，他们还能够做到细节的完美，因而获得了极大的成功。

可是，绝大多数完美型人格的人，是像我们一样的普通人，他们精力有限，智慧并不特别出众，如果把太多精力投入到对细节的推敲上，他们就会在关键问题上因精力不足而难以有重大的突破。

所以，这类人虽然有出众之处，也难免会沦为平庸之辈。Z先生就是这样的。他也知道自己的问题在哪里，但正如他所说，人的性格一旦形成，就很难转变了。

不过，Z还是搞错了一件事情，那就是人没必要改变自己的性格，而是要转变思路。

在九型人格理论框架下，任何一种性格都有优点，也都有缺点——这就如同一枚硬币有正反面一样，不可避免。所以，虽然我们不能也没必要改变性格，那就去转变思路。

我把这番话跟Z讲了之后，他问我：“一个人怎么想问题、怎么看问题，难道不是由他的性格决定的吗？不改变性格，怎么改变思路？”

不得不说，他说得有道理。人的性格确实影响思路，但这种影响并非持续的、不可更改的。

我给 Z 举了个例子：有一对夫妻，两个人都是那种斤斤计较、互不相让的性格。一天，他们又因为鸡毛蒜皮的事吵了起来，但由于谁都不肯相让，骂战有愈演愈烈之势。

就在这时，突然发生了地震，许多房子倒塌，许多人因此丧命了。还好，这对夫妻最后侥幸死里逃生。请问：灾难过后，他们意识到自己逃过了一劫，还会不会像原先一样继续争吵不休？

Z 回答："当然不会了。"

我问："为什么？"

Z 说："因为这时他们关注的重点，已经不在那些鸡毛蒜皮的事情上了。"

我说："是的。可是还有一个更重要的原因，就是灾难的出现让这对夫妻对生活的看法改变了——可以说，他们站在更高的角度上去看问题了，所以，眼前的琐事就不那么重要了。"

我接着说："你看，他们的性格没有变化，但是看问题的角度变了，思路变了，做事方法也随之变了。我觉得，有时候人要尝试着让自己不去关注眼前的琐事，而把更多的注意力放到自己的初衷上去。

"就像经历了灾难之后，人往往会觉得以前斤斤计较的事情其实没那么重要一样。我们虽然不可能时常遇到这样的劫难，但是也应该试着用这种'灾难思维'去想问题：假如一切都不复存在，人生回到原点，你最迫切想做的事情是什么？"

Z若有所思，嘴里念叨着"灾难思维"。过了一会儿，他对我说："我好像明白了点什么，谢谢你。"

那天，我们没有再继续讨论下去。不过，我相信，像Z这么聪明的人，我也不用再说什么了。

有时候，长篇大论的说教其实没有意义，但是"点"一下很重要。尤其对聪明人来讲，他们心头的"结"其实很容易解开，你只需要把那个"线头"帮他找出来，剩下的事情他自己就可以解决。

过了很久，Z给我打来电话，很轻松地对我说："多谢你，让我每天活在灾难中。"

我反问："我岂不是成罪人了？"

Z说："没有。现在我觉得自己虽然没做出什么大的成就，但以往的生活都太顺利了，所以总认为凡事都应该在我的掌控之中，这可能是我事事追求所谓完美的原因。

"自从上次跟你聊天之后，我开始尝试着去假设：如果现在我正身处一场灾难当中，而眼前做的事情就是让我走出灾难的救命稻草，这时候，我还有没有那么多精力去关注事情的细节？

"显然没有。这时候，我追求的只有一件事，那就是结局的完美，而过程的完美其实没那么重要。"

这恰恰是我想对Z说的话，现在不用我说，他自己已经悟透了。

事实上，万事万物都需要平衡，人的性格也是如此。对Z

来讲，"追求结果而不要太在意过程"这个道理、这个思路是有益的，因为他的性格需要一种平衡。但是，如果我把这个道理讲给一个凡事完全不在意过程、经常忽略细节、只重结果的人，那就是在害人家了，只会误导他在错误的路上越走越远。

➤ 细节不是大力丸

英格兰国王理查三世在打仗的时候因为马失前蹄被杀，究其原因，是铁匠给他的战马少打了马蹄铁的铁钉。所以，英格兰有个民谣说：丢失了一个钉子，坏了一只蹄铁；坏了一只蹄铁，折了一匹战马；折了一匹战马，伤了一位骑士；伤了一位骑士，输了一场战斗；输了一场战斗，亡了一个帝国。

这个故事经常被拿来说明"细节决定成败"的道理。

现在，在各种成功学和心灵鸡汤的影响之下，很多人对"细节"这个问题尤其重视。不仅像 Z 先生这种完美型人格的人格外重视细节，其他人格的许多人也都特别重视对于细节的把握——他们小心翼翼地低着头走路，看着脚下的每一颗石子，却忘了抬眼往远处看看。

这让我想起了曾经我面试过的一个男孩子。那时候，我需要一个助理，在网上发了招聘信息，很多人前来面试。

那天，一大早我来到办公室，门外已经有很多求职者在等着了。当时，碰巧办公室门口的饮水机没水了，面试又忙，我打算等面试完了再把水桶换上。

有几名求职者拿着纸杯过去接水，一看没水也就算了。

求职者中有一个二十七八岁的小伙子，他站起来开始在办公大厅四处寻觅，接着找到一桶水给换上了。然后，等水开了，他轻轻敲开我的门，说："您好，水开了。"

我愉快地说了声"谢谢"，不由得对这个小伙子心生好感，觉得他又聪明又周到。面试时，因为有刚才的那一点好感，我对他就多留了点心，很仔细地看了看他的简历，还多问了他几个问题。

小伙子的谈吐和素养是不错的，可惜专业背景比较差，说起专业知识显得非常生疏，更没有与应聘职位相关的工作经验。这显然不符合我的要求，于是，他没有进入下一轮面试。

不想，面试结果出来后，这个小伙子不知道从哪里得到我的电话号码，三次打电话给我，询问他没有通过的原因，并且恳请我再给他一次机会。这时候，我算明白了这个小伙子心里的想法。

面试那天，如果什么事情也没发生，最后我没聘用他，那么，他肯定会很容易接受这个结果。但恰恰是因为当天那一杯水的交情，他看出了我对他的好感，所以认为他的这个细节做得完美，赢得了我的认可，他一定会被录取，因此，他才会在事与愿违之后如此不甘心。

说实在的，如果那个小伙子的专业素养与其他求职者一样好，我肯定会选择他。但遗憾的是，他不具备我需要的条件，所以没有被录取。

这说明了一个问题，细节是有用的——但前提是，你必须在关键因素上达到标准。如果你没有达到标准，那么，你考虑的首要问题是如何满足关键因素。这时候，假如你还在考虑细节，没用！

所以说，细节不是大力丸——它有用，但不可能起到决定性作用。

这本来是很浅显的道理，但有人偏偏不懂。很多把"细节决定成败"奉为金科玉律的人，在听了我的话之后，往往很不高兴，说："难道在你眼里细节就没有一点用处吗？做好细节难道不值得称赞吗？"

我为这类人的理解能力感到悲哀。

首先，我不是说细节没有用。其次，做好细节值不值得称赞这件事情，要看这个人在做好细节之前有没有把关键问题解决好——如果解决了，那值得称赞；如果没解决，而是一味地追求细节的完美，不仅不值得称赞，还应该严厉地批评。这就好比，一个人做菜，主菜做得不好吃，结果把大量的时间用来雕刻摆盘的胡萝卜花，这有什么用？

一个人做事情，决定事情最终走向的因素肯定是多方面的。但是，在所有的因素里，不同的因素有不同的"贡献率"。

有些因素一旦满足，事情差不多就成功了一半，这就是关键。有些因素满足了之后，最终结果会呈现百分之百的完美——但即便不满足这些因素，事情最终还是能成功，这就是细节。

那么，细节什么时候才显得重要呢？

就是当你与对手同时把关键性因素都做好了之后，你注意到了细节，将结果推向了百分之百的完美，而你的对手没注意到细节，这时候你就有了优势。

举个可能不恰当的例子吧：影响人的身高的主要因素是遗传基因、性别、营养、睡眠，其他因素是体育锻炼、当地气候等。当一个人与另一个人的遗传基因、性别、营养、睡眠等都比较接近的时候，体育锻炼和当地气候这两个因素才会让一个人的身高超过另一个人。

假如一名女生的父母身高不高，她又营养不良，还经常熬夜，即使把她放到一个气候条件很好的地方去天天锻炼，她的身高也不可能超过其他人。

所以，说了这么多，我并不是说要批判细节、否定细节——事实上，很多完美的细节也时常让我有所震动。

比如说，我们打开一款新苹果手机盒子的时候总能闻到一股淡淡的"果香味"，那是苹果生产商在设计包装时特意增加的一个细节。这个细节让我感动，也因此成了苹果品牌忠实的用户。但大家千万要记得，这个细节之所以能打动人，首先是因为产品本身足够出色。

假如某款手机的质量非常差，打电话时信号也不好，即便生产商在包装盒里撒了一整瓶的香水，这个细节也不会成为人们购买该品牌的理由——因为，用户真正的核心需求毕竟是手机好不好用。

➤ 你所认识的完美型人格

亚里士多德说："天才都有完美主义者的特点。"诚如其所言，有天赋的艺术家往往都具备这一性格特征，他们会坚持己见，关注对错，希望自己可以把每件事都做到完美。

意大利文艺复兴时期伟大的雕塑家米开朗琪罗，就是典型的完美型人格。

16世纪初，年仅26岁的米开朗琪罗创作出了举世闻名的杰作《大卫》。他之所以能一鸣惊人，与自己的性格特征有很大的关系。由于他坚持将每件作品做到极致，所以每个细节都要保证完美无缺，这才创作出了震惊世界的艺术作品。

在创作《大卫》前，米开朗琪罗为了能深入了解人体结构，甚至亲自到太平间解剖过尸体。

对于任何一个非专业人士来说，解剖尸体是一项难以完成的挑战，但是米开朗琪罗凭着对艺术的执着，克服了自己的心理障碍，对人类的骨骼、肌肉和筋腱进行了深入的研究。

如果米开朗琪罗不是完美型人格，只怕他也很难取得如此辉煌的成就。

完美型人格十分注重周围的环境及细节，比如，参观展厅时从第几号门进去，递给对方物品时伸出哪只手，保管好购物后的发票等。有的人还会把这句话挂在嘴边："既然决定去做这件事，那就要做好。"

所以，在职场中，领导很是信赖完美型人格的人，会让他们做一些重要的工作。当然，凡事有利就有弊。由于完美型人格的人对自己要求苛刻，常常会将问题或工作私人化，因此总是自寻烦恼。

比如，你正在跟甲聊天，无意中提到乙的名字，并被他听到了。一般来说，这没什么大不了的，可如果乙是完美型人格的话，他就会暗想：你们是在说我的坏话吗？

完美型人格的人对自己提出高要求、高标准无可厚非，但是，如果将这些要求强加到他人身上，就会影响自己的社交关系了。

第二个人

"求你了，拒绝我！"

在交际圈里，二型人格的人可能是那个躲在角落里，但总是在满足他人需要的人。他们就像是家中的绿植，总是静静地生长在角落里，但时时为周围的环境提供新鲜的氧气。

2 助人型人格色彩——绿色

二型人格——助人型人格的代表颜色是绿色。因为，他们是"和平"的化身，是人际关系中最"环保"的黏合剂。他们的眼神里不会有令人不安的侵略性，即便是对待陌生人，他们也充满了亲近感。

在交际圈里，二型人格的人可能是那个躲在角落里，但总是在满足他人需要的人。他们就像是家中的绿植，总是静静地生长在角落里，但时时为周围的环境提供新鲜的氧气。

对二型人格的人来讲，他们最大的弱点就是由于常常在想着如何满足他人，却忽视了自己的感受。任何自由发展的二型人格的人最终都会陷入到这个矛盾的问题中：一方面，他们积极地想要帮助别人；另一方面，因为自己的付出得不到回报，他们会深深地感到苦恼。

如果走不出这个怪圈，他们的人生将愈加纠结、艰难。所以，唯有在助人与自助中找到平衡，他们才能获得真正的安宁。

➤ 拒绝别人真的有那么难吗？

生活中，很多麻烦事都是从不会拒绝别人开始的。

别人找你帮忙，你明明不愿意做，或者说做起来有难度却不去拒绝。你应下了，结果没做到、没做好，反倒成了自己的过失。于是，你不得不格外花力气去弥补过失，最后把自己搞得焦头烂额。

事后，你会想："当初我直接拒绝就好了，何必把自己搞成这个样子呢？"结果，下次遇上同样的事还是不会拒绝。

这种情况，有人可能觉得不可思议，因为：自己不愿意做的事直接拒绝不就好了吗？干吗要这样？

有这种想法的人，是懂得拒绝的人，这样，你的生活里会少很多麻烦事。可是，并不是每个人都有这样的能力，尤其是对二型人格的人来讲，要学会拒绝真的太难了。

有个问题首先要搞明白：让我们无法拒绝他人的原因究竟是什么？是人情？是面子？还是具体的事情？都不是。真正让我们难以把拒绝之词说出口的原因，其实是"我们无法接受一个不被别人喜欢的自己"。

二型人格的人一辈子都在做一件事情——让别人喜欢自己。所以，他们渴望被别人喜欢，渴望得到别人的认同，同时又有同情心，善解人意。但问题在于，二型人格的人往往会认为"如果我拒绝了别人，别人就不喜欢我了"。这个逻辑倒是没错，可凡事就怕太过——因为想要得到所有人的喜欢，所以二型人格的人往往会尽量满足大部分人的需求。

但是，我们要知道两点：第一，人的需求是无限的；第二，随着需求不断被满足，需求的层级也会不断提升。

简而言之，一个人如果总是能满足他人的需求，那么，首先，他人就会提出更多的需求；其次，他人提出的需求会越来越"高"，越来越难以"满足"。

这就是个无底洞了。所以，一个总是在尽量满足别人需求的人，他的人缘一定会很好吗？他一定能被大部分人喜欢吗？答案是否定的。因为，随着对方的需求越来越多、越来越高，总有一天，你就没办法满足他了。

反过来，由于之前你总是可以满足他，所以，他对你的希望也会越来越高，而当有一天你不能满足他了，他的失望也就会越大，而他的心理落差十有八九会演变成不满的情绪。

因此，当他满心以为你会不断地帮助他，而有朝一日你却爱莫能助的时候，他可能会比憎恨那些从未帮助过他的人还要憎恨你。

不得不说，这是人性里阴暗的一面，但确实存在。这就如同一个天天做好事的人，某天做了一件坏事，人们会奔走相告："好人做起坏事来更坏！"而一个坏事做绝的人，某天做了一件好事，人们会怎么说呢？一定会这样说："你看，他也有好的一面嘛！"

这就是心理落差带来的一种"善恶误判"，令人遗憾的是，当我们分析这种情况的时候，所有人都会很轻易地指出"这确实不太对"，但当我们真正置身其中的时候，很难发现自己进入了某种误区——大家都一样。

正因如此，现实中那些总是希望通过满足别人来受到大家的欢迎，而不会拒绝别人的人，其实并没有人们想象中的那么受人欢迎。

我邻居家的孩子华子就是典型的例子。

华子今年十五岁，正在读高一。在我的心目中，华子温和、有礼貌，虽然我不曾请他帮过什么忙，但是我从街坊的口中得知，他乐于助人，几乎是有求必应。因此，他在大家心目中的印象一直以来都不错。

有一天，我刚走进楼道，看见华子爸爸急匆匆地往外走，我问："您去哪儿？"

华子爸爸说："嗨，别提了，儿子在学校里惹祸了，老师叫我过去一趟。"

我很吃惊，不知道华子那么一个乖孩子会犯下什么错，以致到了被叫家长的地步。但是，当时华子爸爸行色匆匆，我也没来得及细问。

没想到过了两天，华子爸爸突然造访我家。看样子，这像是邻居之间的串门，不过我从他的脸上看到了些许愁容。我知道，他此来一定有所求，而且一定与他儿子有关。

果不其然，聊了没几句，华子爸爸就主动把话题转移到了儿子身上，他对我说："你知道那天我为什么会被华子的老师叫到学校去吗？"

我说："不知道。"

华子爸爸叹了口气，说："华子在学校里一个星期内跟同学打了三次架，老师问他是怎么回事，他也不说，学校也是没招了，所以把我叫了过去。可是，你知道，这个年龄段的孩子跟父母生分得很，老师问不出来的事情，我也问不出来啊！哎，你说是不是我的教育有问题？"

听到这个消息，我很吃惊，想不到华子那么一个斯斯文文、待人和善的孩子会在学校里跟人打架，而且一个星期之内还打了三架，难道说这孩子有暴力倾向了？

我问华子爸爸："这不应该啊，这孩子平时那么乖，怎么会跟人打架呢？是不是最近他的情绪不太对？"

华子爸爸说："我也奇怪。按道理说，华子在家里的时候也没什么异常反应，只是在升高中前的几天看起来有些紧张。你也知道，华子平时就比较内向，初中的时候走读，跟同学们接触得没那么多，所以内向点也没什么。

"到了高中，他要住校了，我就担心他这种性格没办法融入到同学中间，还特别叮嘱他，去了学校要多帮助其他同学，有什么事也不要太计较，记得'吃亏是福'。可没承想这才几天，他就给我捅了这么大个娄子。"

说实在的，我对华子爸爸这种教育孩子的方式很不赞同。

中国人讲究中庸之道，但是中庸不是说要磨平棱角当"老好人"，而是说如果你性格太锋利，就要努力让自己"圆润"一些。反过来呢，如果性格本来就比较软，也要学着强硬一些，以期最终达到一种平衡。

华子明明就是一个内向、柔弱但很热心的孩子，家长还要一再跟他强调要容忍，甚至委曲求全，这对他来讲是将他推向了一个极端——任何事情到了极端，终归要出问题。

我很喜欢华子这孩子，所以主动跟华子爸爸说："既然您也不知道华子到底是怎么回事，我也没法子给您瞎出主意。不行的话，改天华子放假了，您带他到我家来玩，我跟他好好谈一谈。这个年龄段的孩子正处于叛逆期，有时候我这个外人跟他谈说不定真的比父母去谈效果要好一些。"

我的这番话正中华子爸爸的下怀，他高兴地说："好好好。其实，我就是想让你帮我这个忙，一开始没好意思张嘴，现在你能出马真是太好了，我知道你就是专门干这个的，肯定行。"

➤ "全世界都别来烦我！"

周末一大早，有人敲我家门，我开门一看，华子拿着一盒粽子站在我家门口。

见了我，华子把粽子递了过来，说："叔叔，快过端午节了，我爸让我送点粽子给您尝尝，您收下吧。"

我知道华子爸爸的意思，他怕有家长在孩子放不开，所以借送粽子之名把华子支了过来。于是，我接过粽子说："谢谢你啊，你进来坐吧。"

我看见华子的眼中显露出犹豫的神色，这孩子明显不太愿意进我家。要是其他孩子，这时候肯定会说"不了，我回去了"，但华子是一个不太会拒绝别人的人，要从他嘴里说出来"不"字太难了。不过，他想了想，还是说："叔叔，我还是不进去了，您忙着吧。"

我还是坚持让华子到家里来做客，说："今天上午有NBA的球赛，我一个人看球赛没意思，我知道你也喜欢体育，咱们一起看吧。"

其实，我并不知道华子是否喜欢体育，但是，我知道只要自己再挽留一次，他一定不会拒绝。果不其然，他点点头，说："好吧。"

我们坐在沙发上看比赛，华子很认真地看着电视屏幕，不过是一副完全不感兴趣的样子，反倒显得有点拘束。

我问华子："你平时在学校里打球吗？"华子说："很少。我技术不好，不想拖别人的后腿。"

这是二型人格的又一个特点：他们喜欢帮别人解决麻烦，

但是又极度害怕给别人添麻烦。

我又问："听说你在学校里跟同学打架了？"华子很吃惊地看着我，问："我爸告诉您的？"

我没有正面回答他的问题，而是说："其实，男孩子嘛，有时候冲动了跟别人打架也是难免的。"

华子问我："您读书的时候跟同学打过架吗？"我点点头说："打过。"

华子问我原因，我说："年代太久远了，我想不起来了。不过，情况大概可以分两种吧，一种是临时发生的一些冲突；一种是因为平时相处的过程中就有些积怨，然后在某个时刻爆发了。"

顿了一下，我问华子："你这次打架是因为哪一种？"华子想了想，说："第二种。"

我问："那你们平时有什么矛盾？"

华子不愿意说，闪烁其词道："其实也没什么，都是些鸡毛蒜皮的小事。"

我往前凑了凑，说："你就跟我说道说道，我离开学校久了，现在特好奇——特想知道你们学校里的事，你就挑你愿意说的跟我说说。"

每个人都希望得到别人的认同，都有倾诉的欲望，而有时候我们之所以不太愿意说自己的事情，是因为不想把自己放到一个"被评价"的位置上，因为那会让我们社交中失去主动权。

所以，想要让一个人打开心门倾诉的最好方式，就是以"倾听者"而非"评价者"的姿态出现。

我在华子面前塑造出了一个好奇心很强的倾听者角色，他对我的防备心也随之减弱了，终于开口跟我讲述了发生在自己身上的一些事情。

"我刚到学校的时候，希望跟每个同学都搞好关系，所以，同学们但凡有什么需要我帮忙的事情，我都会尽量满足他们。其实，我本来也就是这么一个人。同学们叫我帮忙去拿一下快递，本来我不准备下楼，但是也会特意下去给他们拿一下。中午，他们叫我帮忙带饭，我一个人带四个人的饭，在窗口前面得折腾半天，搞得后面排队的其他同学都对我有意见了，但下次我还是会帮忙的。

"类似这样的事情有很多，但是，您知道吗，这些同学后来简直把我当成了杂役。您说，他们是不是有点得寸进尺了？"

华子的这些同学做得确实过了，所以，我也有点替他打抱不平："这也太不像话了！"

华子看我对他的遭遇很有共鸣，情绪也上来了，接着说："到后来，其实我也不愿意总是被他们指使。但不知道为什么，我就是没办法开口拒绝他们。"

我说："华子，该拒绝的时候就要拒绝，不能总是被别人牵着鼻子走。"华子说："道理我明白，可是拒绝的话到了嘴边我就是说不出口。"

我点点头，说："你这种心情我理解。而且，你是不是会有这样的感觉——就是帮别人的次数越多，你就越难以拒绝别人了。但是，别人不会因为你多次帮助了他们而感激你，一开始他们可能还很感激你，到后来好像是理所当然的样子了。这让你心里很不好受，对吗？"

华子情绪有些激动，说："您说得太对了，就是这样的。"然后，他说出了一句让我意想不到的话："我跟他们打架，就是让他们以后都别理我了——这样，他们就不会再指使我了，我也不用整天想着怎么去拒绝他们了！"

当时我很吃惊，我知道，任何一种情绪或性格如果得不到疏解，往往会走向极端。但是，我没想到华子这种温和的、不善拒绝别人的性格，到最后会以另外一种形式表现出来——从温和走向暴力，从不善拒绝变成"主动出击"。

不过，仔细想想的话，华子的这种做法也只能说是"意料之外，情理之中"。作为一个二型人格的人，他的"天敌"是什么呢？就是那些认为别人的善意是天经地义的，自己理应被他人宠溺的"自恋者"。

假设这样一种情况：一个像华子这样的人，他所帮助的人都很懂得感恩，会对他的帮助表达感激，同时也会在某些时刻做出"报答"。

或许，这种"报答"的程度很有限，但是，对于华子来讲也已经足够了。他们会很快乐地享受"通过帮助别人赢得认可、获得回报"的环境，会在这种环境中不断地释放自己的善意，自己也会因此而得到极大的幸福感。

但是，如果二型人格的人不幸遇到"自恋者"，当他们的善意得不到回报，当"自恋者"的需求不断提升，直到他们无法满足却不知道该如何拒绝他人的时候，那么，他们将陷入怀疑和自我怀疑当中——怀疑他人的底线和自己的处世哲学。

无穷的怀疑意味着无尽的苦恼。苦恼，先是"苦"，再就是"恼"了，最终，他们会以实际行动将心中的愤恨释放出来。

华子遇到的就是这种情况，而且，不得不悲观地说，现在的年轻人中独生子女的比例非常高，他们在家庭中被宠溺惯了，所以很多人都属于有点不太懂得感恩、认为别人的善意是理所当然的"自恋者"。所以，二型人格的人，他们的生存环境其实是随着这一现象而逐渐恶化的。

我觉得有必要帮华子这个温和的孩子看清现实，也让他看清自己内心深处的"诉求"，因为，只有这样才能帮他走出他目前的困境，不致被极端思维所淹没。

▶ 你需要"自我坚定"

当我们还是婴儿的时候，我们哭或者笑总会引起父母的关注，触发他们的反应。这种稳定的亲子关系会让我们觉得世界很安全，自己的需要和感受也很重要。

但随着我们慢慢长大，会出现这样一种现象：只有自己表现得好，我们才会得到父母更多的爱；如果我们没有满足父母的某些要求，他们会表现出失望，甚至是恼怒。

于是，"被评价的焦虑"产生了：我们渴望得到父母更好的评价，以维持良好的亲子关系；我们想努力成为别人期待中自己的样子，并从中得到自我价值的满足感。

二型人格就此产生。

九型人格理论有一个非常重要的特点，就是它不会武断地评价一个人：你是一型、我是二型、他是三型，你就是你、我就是我、他就是他，我们完完全全、彻彻底底不同，性格没有任何交集。

不是这样的。九型人格代表了人的九种基本需求，一个人可能会同时拥有全部或其中几种需求。人与人的不同之处在于，对不同的人来讲，他们对每种需求的程度是不同的。

对二型人格来讲，他们最强烈的需求就是"被需要的需求"，这导致了他们总是在满足别人、迎合别人。

其实，这种需求大部分人都有，只不过没那么强烈罢了——或者说，我们不会把这件事情当成自己的核心需求，更不会为了达成这个需求而倾尽所有。

因此，就帮助他人来讲，大部分人都愿意，但是，这得有个前提或者说底线：我愿意帮你，但不能因此损害我的利益，让我不开心。比如，《法句经》里就说，无论"利他"之事何等重大，不要因此牺牲"自利"；要了解自己真正的需求，并用心实现它。

但是，二型人格的人在帮助别人上缺乏底线，经常会牺牲自己成全别人。不要以为这种行为能"损己利人"，实际上，或者说可悲的是，二型人格的人有一个最大的问题，那就是他们所释放出的善意往往与亲密度呈负相关。

这句话其实很好理解，意思是：越是跟他们关系一般的人，他们越愿意释放善意；对待那些与他们关系极度亲密的人，他们的善意反而越少。

这很难理解是不是？其实，道理很简单：二型人格的人释放善意的目的是什么呢？那就是赢得别人的好感！

那么，问题出现了——在我们的生命中，有些"好感"的得来几乎是无需成本的，比如父母对孩子的好感，或是家庭成员彼此之间的好感，都是正常人轻易可以得到的，而且相当稳固。

正因为来得容易，所以我们不用"处心积虑"。因此，在很多二型人格的人的潜意识里，他们需要通过释放善意来赢得他人的好感，但唯独因为亲密之人的好感不需要成本就能获得，所以，他们对身边的人反而没有那么热心。

华子就是这样的例子。为了迎合我的需求，他可以将自己内心的隐秘告诉我，可是，他爸爸从他口中得不到任何相关信息。这一方面与沟通方式有关，因为他爸爸在亲子沟通上确实有不足之处；另一方面，这也与二型人格的特点有关。

再来说说华子跟同学打架这件事。

华子之所以对他爸爸持负面态度，是因为他知道：无论如何，他爸爸对他的好感不会减少，他们的亲子关系也比较稳定。而他对同学持负面态度，是因为他通过实践发现，无论如何，同学对他的好感也不会增加，他们之间也处于一个比较稳定的状态。

所以，对他来讲，这两种"稳定的好感度"其实是一回事，都意味着这样的局面："我不必去经营我的人际关系，它不会因为我的行为增加或减少。"

另外，还有一个导致华子在处理人际关系时经常显得消极与暴躁的重要原因就是，他缺乏"自我坚定"。

什么是自我坚定呢？这个概念是由美国心理学家安德鲁·索尔特提出的，它指的是"不带有攻击性的自我确定和自信"。

现在，心理学界对于"自我坚定"的认识更加深入了，大部分心理学家都认为：自我坚定不仅是一种沟通技巧、行为习惯和社交策略，更是一种重要的个体品质。而自我坚定最为重要的一个表现，就是拥有善于"为自己主张"的个人品质。

当一个人能够在不伤害他人权利的前提下，妥善地维护自己的立场、达到目标时，这个人就具有自我坚定。

之所以说华子缺乏自我坚定，一是因为他不善于维护自己的立场，经常被别人的需求所左右；二是因为当他试图走出"无条件顺从"的困境时，会采取极端手段——也就是说，他在试图争取自己的利益时往往会伤害别人的利益。

当我们了解了华子身上的这两个特点之后，对于他的整个行为逻辑就有了比较深入的认知，也就更加确信：想解决他的问题，首先要帮助他树立"自我坚定"。

那么，一个人怎么才能有充分的自我坚定呢？在我看来，要建立以下几个方面的认知：

首先，要对自己的权利和义务有充分的了解。

无论是在家里，还是在学校里，华子似乎对自己的权利和义务认识得不足。一方面，在学校里，他经常无条件地帮助同学。实际上，他并没有这样的义务，也有拒绝的权利。

另一方面，他在与父母的沟通中经常采取消极态度，这可能是因为他并没有意识到：家庭沟通不是说你愿意沟通就沟通，不愿意沟通就可以回避的，这是每个人的义务。所以说，华子对权利和义务的认识存在问题。

其次，要学会正确地表达自己。

很多时候，华子其实是不愿意任人摆布的，但他为什么不去拒绝呢？

一方面，这与他的性格有关，之前我就提到过。除此之外，还有一个原因就是他不善于与人沟通，不会正确地表达自己，不知道如何理性地拒绝别人。而且，到最后他开始选择表达不满的时候，也没有通过正确的方式去与同学沟通，而是选择了用拳头解决问题——归根结底，这还是因为他不善于沟通。

最后，自我坚定不仅要体现在口头语言上，也要体现在身体语言上。

一个具有自我坚定的人，无论是语调、眼神、体态、手势等，都是客观、平和、放松的。而华子进到我家之后，我就在观察他，发现他的肢体非常僵硬，语言、动作都很不自然。

可以说，华子在这三个重要方面都需要建立新的认知。所以，我在想，如何通过简单的对话来帮助华子初步树立起自我坚定来。

➤ 明确自己，洞悉他人

华子坐在我面前，刚才经过一番沟通，他看起来放松了一些。我问他："你知道我是干什么的吗？"

华子点点头，说："我知道，可是我觉得自己还没到要看心理医生的地步。"

我笑着对华子说："现在我当然不是在以心理医生的身份跟你谈话。"

华子问："那您是以什么身份……"

我想了想，说："现在我就相当于一个保健专家，你知道什么是保健专家吗？"

华子说："我在电视上看到过，他们就是告诉人们怎么做才能身体健康，吃什么才能身体好的人。"

我说："对。"

华子笑眯眯地说："可是，我爸说了，那些都是骗人的。"

我说："你放心，我可不是江湖术士，我说自己是保健专家不过是个比喻罢了，那能让你更容易了解我的角色。现在我希望可以通过跟你聊天，探讨一下怎么疏导你的情绪、怎么与别人交流，你有兴趣吗？"

华子说："说来听听吧。"

我对华子说："首先，你要学会站在'我'的立场上去思考问题，表达自己的观点。我知道，平时你在跟其他人沟通的时候，心里想得更多的是：对方是怎么想的？他为什么这么说？他到底是什么意思？对不对？"

华子沉默了一会，说："好像是这么回事。"

我对他说："那你就要注意了，从今天开始，先想'我'，再想'他'。遇到什么事首先要去想：我想不想这么做？我为什么要这么做？在做任何事情的时候，你都要把自己的想法和感受放在第一位。"

华子说："那我岂不是变成了一个极度自私的人？"

我摇摇头说："你错了。一个人，只有凡事对自己负责才有可能对他人负责。把自己放在首位，不是说事事要顺着自己的心意来，而是要明确自己的底线——在不触及底线的情况下满足他人。

"如果搞不明白自己的底线，没有原则地顺从别人，那么，就会像之前你遇到的情况一样，当别人一再触及自己的底线之后，你会莫名其妙地感到暴躁，最后怒火中烧。这既是对自己不负责，也容易伤害别人。是不是这么个道理？"

华子想了想，说："您说得对。以后我还是会尽量帮助别人，但是在帮助别人之前，要先想一想自己是不是真的情愿去做。如果真的情愿，那么即便委屈了自己也怨不着别人；如果不情愿，那就不帮了。"

看来，这孩子一点就透。

我很高兴地说："对，就是这个意思。我要你做出的第二个改变，就是要尝试着主动发起对话。在跟别人打交道的时候，你经常会处在比较被动的地位是不是？你不太愿意主动跟别人交流，对不对？"

华子点了点头，看来他对自己的这个问题也很清楚。所以，我对他说："从今天开始，你要试着给自己订个小目标。"

华子接着我的话头说："先挣它一个亿？"

我笑着说："我是说，你要有意识地每天都主动跟父母或是同学展开一次对话。在对话中，你学着尝试主导对话的内容。"

华子说："这太难了。我在班里是有名的'冷场王'，同学们聊天聊得好好的，我一加入进来就容易冷场。您还让我主导话题，我可没那本事。"

我说："正因为这方面你不太擅长，所以才要主动去练嘛。"

华子问："可是，这样做的意义是什么？"

我说："就是为了加强你的沟通能力，提高你主导对话的能力。为什么这次跟同学之间有了矛盾之后，你直接选择了暴力方式解决问题呢？你为什么不跟他进行语言上的沟通，就算是吵架也行啊？

"就是因为你知道自己的沟通能力有限，害怕沟通，就算是吵架都怕输个一败涂地，所以才懒得沟通，直接动手的。你要知道，任何时候，动手都是最坏的选择，所以，你要提升自己的沟通能力。当你敢于沟通，甚至能在沟通中占据主动地位的时候，你的心态就会发生变化，变得更加自信和从容了。"

这时候，我感觉华子对于我的话似乎多了一些认同，所以，当我说完这番话之后，他没有接茬儿，而是陷入了思考。我呢，也不想再多说什么了，因为华子毕竟还是个孩子，有些事他需要去领悟。

那天，华子在我家坐了大概两个小时，前半程我们在聊天，后半程我在看球赛。华子表面上也在看球赛，实际上内心并不平静，等球赛完了，他说要回家。我没有再留他。

送他走的时候，我对他说："你现在还这么年轻，做错了事其实一点都不可怕。可怕的是，你错过一次之后就被错误所绑架，一而再再而三地错下去，那样真挺麻烦的。"

华子郑重地点了点头。

那天之后，很久我都没有再看到华子。

大概一个月以后，华子爸爸找到我，对我说："这段时间华子的变化很大，感觉他更有主见、更开朗，也更自信了，孩子好像一夜之间变成了大人。"

我对华子爸爸说："其实，华子是个挺聪明的孩子，他之所以会变得不善于沟通、害怕被拒绝，有时候也是因为家长在成长的过程中不太重视倾听他的心声导致的，所以家长也有一定的责任。"

华子爸爸说："是是是，华子小的时候我刚开始做生意，那时候忙啊，压力也比较大，所以，有时候孩子跟我说什么，我的态度总是比较不耐烦，我们之间缺乏沟通。现在想想，真是后悔。"

我说："现在没关系了，华子已经长大了，他能够主动去调整自己的心态，你应该感到高兴。"

华子爸爸说："还是多亏了你。"我说："其实，我也就是跟华子简单地聊了聊，主要还是华子悟性好。"我跟华子爸爸又客套了半天，愉快地结束了对话。

华子爸爸走后，我心想：其实，我对着当事人的面说话还是太"客气"了，什么叫"有一定的责任"，华子之所以会是比较极端的二型人格，与家长有直接关系。

在一些家庭中，孩子发出的声音如果与父母所期待听到的声音不同，那么，父母的态度就会变得异常严厉，甚至不近人情。但对孩子来讲，这种不被尊重、不被理解的感觉会带给他们极大的挫败感，久而久之，他们就会放弃自己的主张，选择回避和假意顺从，二型人格就此形成。所以说，它与父母有直接关系。

因此，如果你也遇到了像华子一样的情况，那么，你所要做的不是假意顺从，更不是激烈对抗，而是要学会自我坚定，积极去沟通，让家长感受到你的心声，明白你的所思所想。

不管怎么说，家长总是爱孩子的，有时候他们显得专横，是因为在他们心中你永远是个孩子，他们害怕你受到伤害。作为人子，你要用实际行动让他们看到你的成长，让他们意识到你已经成了一个可以独立思考并能控制自己情绪的人。

相反，你越是用非理性的、情绪化的方式与家长对抗，就会使他们越觉得你还没有长大，那样的话，问题反而得不到解决。

所以，孩子和父母要共同成长，谁也不能掉队。

▶ 你所认识的助人型人格

《水浒传》中的宋江就是典型的助人型人格，这一点从他的绰号"及时雨"上就能看出来。

宋江是家中的长子，他习惯了自己作为"大哥"的身份，所以他的身上明显有领导的气质，能够团结众人，凝聚人心。

助人型人格的形成，与其童年的经历密切相关。一般而言，从小不被忽视，要承担责任的人就会养成这种人格。此外，这类人最为显著的一个特点，就是乐善好施、热心肠。

当日，宋江在郓城县遇到了阎婆惜，知其无银钱安葬父亲后，便施舍了棺木和银两；后来，晁盖等人劫取"生辰纲"一事败露，宋江心知晁盖此举乃是大义，于是通风报信暗中帮助晁盖等人逃走，还因此丢了官职。

在《水浒传》中，大家需要救助时，宋江基本上都会伸出援助之手。但是，助人型人格的人也会好心办坏事，由于他们乐于助人，所以容易忽视存在的问题。

就拿招安一事来说，宋江的本意是为了忠义，想帮梁山兄弟挣个好前程，可是他忽略了朝廷背后的谋划：名义上是招安，实则在削弱梁山好汉的势力，所以最后回京的仅剩 27 人，而皇帝念及宋江等人的功劳，给他们封了官职。

但是，高俅、蔡京等奸佞之臣先是设计用水银毒死了卢俊义，又在宋江的酒里下了毒。宋江发觉自己中毒后，又骗兄弟李逵喝下毒酒，只因他知道自己一死，李逵势必会为自己报复，而李逵这么做，只会败坏大家此前的忠义之举。

助人型人格的"自我欺骗"行为是很可悲的，有时他们在帮助他人时会出现用爱来控制他人的行为。例如，宋江时时将忠义挂在嘴边，坚持认为"宁可朝廷负我，我忠心不负朝廷"。在"义"的面具下，宋江将自己的行为定义为绝对的忠心，以消除自己内心的罪恶感。

因此，助人型人格的人要尽量发挥自己的优点，克服缺点，切莫被表面现象蒙蔽双眼。

乐于助人是一种美德，但是如果全然无私地去助人，也不见得是好事。在助人之前，首先你要学会爱自己。

第三个人

阳光下欢笑，阴影里哭泣

　　三型人格的人，恐怕是最好识别的一种类型。他们充满自信，而且，他自己也深知这一点，会时时展露出自己的实力和魅力，以充满杀伤力的眼神投向身边的人。

3 成就型人格色彩——红色

三型人格——成就型人格的色彩是红色，那是因为：拥有这类人格的人永远富有激情，不知疲倦，同时攻击性也非常强。从表面上来看，起码是这样。

三型人格的人，恐怕是最好识别的一种类型。他们充满自信，而且，他自己也深知这一点，会时时展露出自己的实力和魅力，以充满杀伤力的眼神投向身边的人。他们似乎在向所有人展示自己作为成功者盛气凌人的架势，让别人有一种渴望与其接触，但又怕被刺伤的欲罢不能的感觉。

三型人格的人肢体语言非常丰富，他们也特别善于利用肢体语言来传达内心的想法。因此，他们总是活力四射。

但是，三型人格的人也不是没有脆弱的一面。他们尽管小心翼翼地掩饰着自己的脆弱，但每当独处时，他们也经常会因为内心的不快而郁郁寡欢。所以，如何走出深藏于内心的不安，如何避免自己对于成功的渴求变成一种执念，是三型人格的人最需要解决的问题。

➤ "目标动物" L 女士

说来好笑，我跟 L 女士相识与她患上厌食症有关。当别人告诉她，这种病大多时候其实是心理问题导致的，她通过闺密——也就是我老婆联系到了我，希望我可以帮她解决这个问题。

迫于老婆的"淫威"，我马上展开了工作，希望能够帮助 L 尽快从厌食症中解脱出来，好让老婆可以把我一个人扔到家里吃土，然后她好跟闺密到外面去共进美食。哈哈，开个玩笑啦。

关于厌食症的产生，有时候原因很简单，就是为了保持魔鬼身材而刻意去节食导致的，很多女性朋友就是如此。但食物的诱惑实在不小，为了克制自己的欲望，女性朋友往往会在心里把食物想象成一种非常"可怕"的东西。

这种心理暗示经过长时间、多方位的发展，最终会形成厌食症——她们打心眼里会认为吃饭真的是件"可怕"的事情，因而拒绝正常饮食。

现在，患上厌食症的女性越来越多了。美国的林恩·门辛格教授做过一项调查，结果表明，许多年轻女性由于太追求完美，给自己造成了过大的心理压力，结果就患上了厌食症等疾病。研究人员将这种心理病称为"女强人综合征"。

嗯，L患的就是这个病。

为了帮助L改善厌食症，我决定跟她一起吃顿饭。老婆对我的这种行为非常不满，说："人家都厌食了，你还请人家吃饭？她有病，还是你有病？"

我说："我先看看她厌食到什么地步了。你就照我说的办，把她叫出来，咱们就当是聚一聚。"

那天，我先到的餐厅，等了好大一会儿，老婆和L双双飘然而至。远远看去，L身材消瘦，有点像古书里描写的那种"风摆杨柳"的女性形象。但是，走近一看，只见她目光锐利，表情冷峻，气场很强。

落座后，老婆向L介绍了我，L说："幸会，麻烦蔡老师了。"我说："不客气，今天没别的事情，就是一起吃顿饭，聊一聊。"

L倒是开门见山："吃饭倒是其次，关键是聊一聊，您得开导开导我，要不然，这饭我真吃不下。"

人家直接，我也省得绕弯子了，便问："在厌食之前，你是不是有过减肥计划？"

L摇摇头说："我没有减肥计划，因为我一直在减肥。"我有些好奇地问："那就是说，你一直在控制体重？那么，你觉得合理的体重应该是多少呢？"

L想了想，说："八九十斤吧。"

我目测了一下，L身高在165～168cm之间，现在的体重可能也就是 80 斤出头，坐在那里，感觉她整个人要飘起来。我说："那你的目标已经达成了，可以稍微放松一下了。"

L 笑呵呵地摇了摇头，说："你不知道，我属于那种瘦下来不容易，吃点就胖的体质，一刻也不能放松警惕。"

老婆在旁边接茬儿说："你还吃点就胖？我就没见过你有胖的时候！"L 反驳道："怎么没有？上大学的时候有一年过年回家，才一个礼拜我就胖了近三斤！三斤啊！"

我低头看了看自己去年过年的时候长了十几斤的大肥肚子，羞愧难当。但是，当我抬起头看到 L 肩头上瘦骨嶙峋的样子，突然间觉得稍微胖点其实也没那么可怕了。

我对 L 说："厌食症这个病吧，其实还挺可怕的。"

L 接口说："是挺可怕，现在我看见吃的都觉得像魔鬼一样。萝卜青菜稍微还好一些，但凡油味儿大一点的东西，只要放到嘴边我就感觉作呕，吃不下去。"

我点点头，说："你的情况其实已经算挺严重的了。"

L 说："是的。原来我不觉得这件事有什么大不了，甚至觉得是好事，但是，现在它已经开始影响到我的生活质量和身体健康了。"

我说："问题就在这儿。大多数厌食症患者，其实一开始都是'主动'厌食，可你要知道，对一般人来讲，食物的诱惑是难以抗拒的——能够真正控制饮食的人，大多数都是意志力很强的完美主义者。"

我老婆在一旁插嘴说："没错，L 就是这样的人。"

我说："看出来了。不过，这样的人往往也属于刻板、偏执的类型，简而言之，就是为达成目标啥事都干得出来。"

老婆"训斥"我说："你这话说得咋这么难听，狗嘴里吐不出象牙！"

L倒没那么敏感，反而替我开脱："蔡老师说的倒也没什么错。"

我接着说："不过，意志力再强的人也没办法彻底杜绝基本的欲望，而为了让自己远离食物的诱惑，他们会不断地给自己心理暗示：食物是魔鬼，不吃饭是正确的、光荣的。所以，不要小看心理暗示的作用。你看过《三体》吗？"

L点头说："看过。"

我说："《三体》里说，未来人研究出了一种机器，可以在人的思维里植入一个'信念'，就是所谓的'思想钢印'。那些被植入信念的人，会坚定不移地履行这一信念，任何情况下都不会动摇。

"其实，心理暗示也有这样的威力。如果你总是给自己'食物是魔鬼'的暗示，那么，这个暗示到最后就会成为你的一个'思想钢印'——它看不见、摸不着，但是处处影响你的行为。所以，很多人减肥减到最后完全会失去对自身的控制，总是觉得自己还是胖、食物有害，厌食症由此产生。"

L问："这我深有体会，所以，我想知道该怎么办？"我老婆也在旁边嚷嚷："让你来是想办法的，不是来普及知识的，快说说到底该怎么办？"

迫于老婆的"淫威"，我只好长话短说："想要改变现状，要分三步走。第一步，转变思想，认识到厌食症的危害，知道过瘦是不健康的，也是不美的。"然后，我想了想对 L 说，"恕我直言，你现在的体型就有些过瘦，失去了美感。"

我老婆白了我一眼，说："你才失去美感了呢！L 刚刚好，只不过要保持身材，不能再瘦下去了。"

我说："美不美其实是个主观概念，可能有人觉得瘦就是美，这也没问题。但是，健不健康是有客观标准的，而且，我下面说的这句话可能不好听，但的确是事实——长期厌食的死亡率是十分之一，是所有心理疾病中最高的。所以，我们不能把厌食症等闲视之，要重视起来。"

我老婆听到这个数字后有些吃惊，没敢说话。就连一直显得很从容的 L，脸上的表情也有些凝重。

我赶紧说："你们不用担心，我说的厌食症是那种长期严重厌食的情况，L 现在还远没到这个程度。只不过，我们不能再任由情况发展下去了。"

老婆问："那你倒是具体说说现在该怎么办？"

我对 L 说："这就是我要说的第二步。现在我们要做的，就是恢复对食物的渴望——对一般人来讲这很容易，但是对厌食症患者而言，这很艰巨。

"除了之前我所说的厌食症患者对食物有心理上的抗拒之外，他们的生理结构也发生了变化——由于长期处于'低负荷'状态，他们的胃已经形成了习惯，失去了向大脑传递正确'饥饿感'的部分功能。而且，他们的胃容量和胃机能都处于异常状态。因此，对现在的你来讲，吃饭这件事不完全是心理障碍，从生理来上来讲，也是一种折磨。"

最后，我总结道："目前，你需要做的就是像个孩子那样重新学习吃饭。那些不愿意吃饭的孩子，他们需要在父母的百般劝诱、引导甚至是逼迫下才能正常进食。现在，你就是个孩子，与此同时，你还得担负起'父母'的角色，监督、逼迫自己。这确实很难，不过，我觉得对你这样要强的人来讲，越是有难度、有挑战的事情，可能才越有激情、越能成功，对吧？"

L 笑了笑，没有回答我的问题，而是说："那今天就这样吧，你们两口子先回家，咱们改天再约。"

▶ 精致女人的不安

那天回到家里，老婆问我："你觉得 L 女士怎么样？"我说："有点问题，但不算大，调整调整就好了。"

老婆说："我不是问你厌食症的事，就想问你她这个人怎么样——广义上的那种。"我想了想说："太硬气。不过，可能是皮硬，心软。"

老婆说："这回让你猜对了。L 确实没有外人看起来那么坚强，那么硬气，其实，她的糟心事也是一堆一堆的。"

我心想：老婆这么说，好像在"讽刺"我经常看走眼似的。不过，即便是看准了，我也没什么成就感。因为，不管是什么样的女人，她有多强干、多精致、多不可一世，内心终归会有一块儿柔软的地方。

只不过，有些女人喜欢把柔软的一面展示出来，而具有三型人格特质的女性，常常会把柔软的一面掩饰起来。但越是掩饰，越是害怕触碰，也就越柔软。

所以，即便是 L 这样的所谓成功女性、职场精英，在某些时刻也会表现出柔弱无助、敏感、不安的一面。这并不是说女人天生就是脆弱的，其实，她们内心柔软的一面恰是性别赋予她们的——因为柔软，所以她们更能感受爱、释放爱；也因为柔软，所以她们性情平和，不暴戾。

我心想：人类如果缺少了这份柔软，那世界将会多么冷血和僵硬。所以，我问老婆："关于 L，你了解过多少？能不能详细说说？"

老婆的眼神瞬间游离了起来，问："你怎么对她那么感兴趣？她确实跟一般女人不一样，对不对？"

我知道自己要好好回答这个问题，要不然，会有不可预知的"灾难"袭来。我摆出一副不可思议的表情说："什么感兴趣呀，不是你让我帮你闺密的吗？我不了解怎么帮？"

老婆不依不饶，说："帮忙归帮忙，可是，你这要深入、全方位的了解是什么目的？来来来，你过来，我让你好好了解了解。"

我说："我才不过去，你想'偷袭'是吧？"

老婆问："你咋知道？"

我说："看你现在的笑容，嘴角上扬，眼轮匝肌并没有相应地收缩，这叫'假笑'，俗称'皮笑肉不笑'。然后，你双眉有轻微的下压，这表示你在集中注意力，同时，你上眼睑的提升出卖了自己内心的愤怒。再加上你肌肉紧绷，一触即发，因此，我可以肯定，你是想'偷袭'我！"

老婆说："分析得这么全面，也算这么多年你没白学心理学。"我赶紧说："其实，我只是看到了你背后那只手上拿着的拖鞋。"

说笑过后，老婆给我讲了一些关于L的事情。因为她们是从小到大的朋友，所以老婆对L可以说是知之甚多，因此，从老婆所描述的故事里，我看到了一个外人所无法"了解"的L。

L从小好强，小时候班里组织跑步，大部分女生对此不感兴趣，唯独L非要比别人跑得快才高兴，而且，这也包括班里的男孩子。

大概上五年级的时候，L的家庭发生变故，父母离婚了。那年头，在一些小地方，离婚会被视为一桩"丢人"的事。而L的父母之所以会离婚，据传是因为她的父亲有出轨行为。

那段时间，L的情绪很不好，作为她的闺密，当年的我老婆经常陪着她，听她哭诉心里的苦。她们两人的密切关系也是从那时候开始的。

L 遭遇的另一次重大危机是高考。当时，她的学习成绩非常好，但是在高考的时候由于把最擅长的作文写跑题了，所以严重影响到最终的分数，不得不去一所普通大学读书。

如果是其他孩子，还可以考虑复读一年，来年再考。但是，由于当时 L 的家庭原因，所以为了早点离开伤心地，她就没有选择复读。

大学期间，L 就像是上了发条一样的机器人，在别人享受大学生活的轻松愉悦时，她却投入到了不知疲倦的学习中。最终，她成功考上了名校的研究生，从普通大学生变成了名校精英。

研究生毕业之后，L 走上了工作岗位，她也将奋斗精神带到了工作中，所以她进步得很快——当公司里的绝大多数同龄人还是普通职员的时候，她已经成了管理层的一员。

人生的发展就像滚雪球，雪球越大，滚起来之后自身的膨胀速度也越快。年轻、能力强、学历高的 L 在更高的岗位上获得了更多的机会，而她几乎用尽全力把握住了命运的每一次恩惠。所以，毕业短短七八年之后，她已经将昔日在同一起跑线上出发的同学远远地甩在了身后。

在外人眼里，L 功成名就，处处"高人一等"，是大家羡慕的对象。但是，由于我老婆与 L 关系好，接触频繁，所以，L 在我老婆眼里又是另一种形象。我老婆用五个字概括了 L——"就是个椰子"！

我不是很明白，问："什么意思？"老婆说："意思就是，壳子死硬死硬的，水都留在肚子里了，稀里哗啦的。你是不知道，L私底下其实并不开心。"

我说："其实，这很正常，我能想象得到。"老婆阴阳怪气地说："哦？你已经在想象人家的私生活了？"

我赶紧赔着笑脸说："瞧你想到哪儿去了？只不过，像她这种情况其实蛮典型的，就是属于'女强人综合征'。"

老婆问："'女强人综合征'是个什么鬼？"

我说："中国人一贯以来的传统思想，就是所谓的女主内、男主外，在这种环境下，男人追求事业上的成功是理所当然的。但是，如果女人想要在事业上有所突破，往往就会被扣上一顶'女强人'甚至是'女汉子'的帽子。对那些在事业上获得成功的女性而言，其实这会给她们造成无形的社会压力。

"与此同时，在职场中，女性的上升空间其实也很小。一个男人在三十到四十岁之间会迎来事业的高速上升期，可是，女性如果在三十岁的时候还没做出一些成绩，在职场中就很容易被边缘化。"

老婆说："可是，现在L已经做出成绩来了啊，她没必要担心工作的事了。"

我说："L是度过了上升期，但是，现在摆在她面前的还有一个问题，就是'淘汰危机'。随着年龄的不断增长，家庭、育儿等事又摆在了女性面前，这会削弱她们在职场中的竞争力。L现在虽然还没有组建家庭，但是到了她这个年龄，相信已经在考虑这些事了，她会因此而感到焦虑。"

老婆心有戚戚，说："是啊，女人就是这样，成家之后就好像身不由己了，重心都要放到家庭上，事业肯定会受影响。哎，想当年我也是事业女性一枚，看看现在都快变成家庭主妇了，你要负主要责任啊！"

我在心里暗骂自己："真是嘴贱，怎么就把话题引到这儿了。"接着，我赶紧安慰老婆道："我知道你为家庭付出了太多，我也是非常非常非常感恩的，你的大恩大德我永世不敢忘。"

然后，我马上转移话题说："其实，说了这么多，我们还是要把厌食症作为突破口，通过转变 L 的观念来改善她对生活的焦虑。"

老婆问："你有什么好办法了吗？"

我加重了语气说道："办法就是把事事要强的 L'打落凡间'。"

▶ 学会享受平凡

成就型人格的人，一切行为动机都来自他们对"成功"和"荣誉"的执着追求，而他们所有的烦恼也恰来自于此。

一个人做事情，有擅长的就会有不擅长的，其实，大多时候只要把自己擅长的事做好，就能够取得较高层次的满足感了。但是，对成就型人格的人来讲，无论任何事，他们都想要做到最好——他们希望可以在自己所能触及到的所有领域都表现得"高人一等"，让所有人都拜服于自己。

但不得不说，再有能力的人也不可能事事兼顾，因此，成就型人格的人往往在别人眼中已经足够优秀了，但是他们自己不这么认为——他们总觉得自己可以做得更多、更好，但物极必反，"追求卓越"最后成了困扰他们的执念。

具体到 L 身上，这种倾向就更加明显了。这一方面是由于三型人格的性格所致，另一方面则与她的经历有关。

在经历父亲另有新欢、母亲惨遭抛弃的家庭剧变之后，L 心中埋下了一个信念——女人一定要靠自己，一定要比男人更优秀，只有这样，才能主宰自己的命运。而高考失利再次刺激了她，让她意识到：人生不容有失，否则将前功尽弃。

那么，L 的观念有没有错呢？从客观上来讲，这当然没错。但还是那句话，凡事就怕极端，试想一下：一个女人既要在工作中保持竞争力，又要在生活中苛刻地约束自己，还要考虑如何平衡未来的家庭生活，压力实在是太大了。

厌食症只不过是重压之下的一个"爆发点"，就如同身体无缘无故地出现毒疮一样，看起来是局部的病变，实际上预示着内分泌系统的失调——想要彻底治好毒疮，光在皮肤上下功夫是不够的，还要想着如何恢复整个内分泌系统的稳定。

所以，L 现在最需要的"药方"可能就是两个字——平凡。

这里所说的"平凡"，不是说非要把她这个能力出众、各方面都很优秀的人变成一个普通人，而是说要让她看轻所谓的成功，允许自己可以有缺点。

这对任何人来讲都很重要，正如某位女作家所说："要适时放弃一些东西，不要让自己背负太多，有些看似美好的东西抓在手里不一定就是好的。"

再次与 L 见面时，距离上次见面已经有两个星期了。我问 L："最近怎么样？"

L 说："比之前好一点了，但还是很抵触食物。"

我听了，直截了当地告诉她："第一，要继续巩固已有的成果；第二，先把心里那些'通过外形优势获得别人认可'的想法抛弃掉！"

L 不明所以，睁大眼睛问我："什么意思？"

我说："你不要太在意别人对你外貌的评价，首先要对得起自己的身体。"

我老婆急了，冲我说："有你这么说话的吗？L 这么优秀，还用得着以貌取人吗？"

我转头对老婆说："你用词不当，以貌取人指的是主观上评价别人的相貌，而 L 是客观上希望保持较好的外貌给别人看。"

L 也有点气恼，说："你要明白，我努力保持好身材，不是为了给别人看，而是为了愉悦自己。"

我反问："可是，你愉悦自己了吗？你为了保持好身材所做的这一切，现在已经给你造成了负面影响——以伤害自己的方式愉悦自己，你不觉得这是个悖论吗？”

L 沉默了。

我接着说：“所以，我认为，现在你最大的任务是放弃那个自己树立起来的、给别人看的形象，做自己真正想做的事情。就拿吃饭来讲，这是一个人的基本欲望，你要把自己的欲望释放出来，告诉自己：我想吃就吃，哪怕真的胖了，又能怎么样呢？”

L 还是没说话。

我接着说：“还有，就是你要容忍自己的缺点。我知道你是个很优秀的女性，这一点谁都看得出来。但同时我也知道你肯定有弱点，因为每个人都是这样，世界上不存在绝对完美的人。那些真正杰出的人物，不是绝对完美的人，而恰恰是清楚地认识到了自己的弱点，然后能在生活中做出正确抉择的人。”

L 终于说话了：“谢谢你！我要回家了，想自己一个人静一静。”

老婆瞪了我一眼，对 L 说：“他鬼扯呢，你别信。在我心里，你一直都是最棒的。”

L 笑了笑，然后拿起包包离开了。

看着 L 的背影，我突然想起当年一位导师跟我说过的话：你在这世界上存在，谈不上伟大，也并非平凡，因为，伟大和平凡只是别人给你贴的标签。对大多数人来讲，标签是有魔力的，它会控制你，让你按着它的指向盲目前行。

这也是萨特为什么会说“他人即地狱”的原因。这里所说的"他人"，指的就是那些试图定义你、评判你、操纵你的看客。

想到这里，我对老婆说："你给 L 发个短信吧。"

老婆很不满意，说："现在想起来要道歉了？你刚才说的什么啊，有你这么说话的吗？说吧，你要我发什么内容？"

我说："就发五个字：他人即地狱。"

再次见到 L 已经是好几个月之后了。

当时我正在休假，每天宅在家里看书、看球赛、看电影，一副颓废中年的惨淡景象。L 依旧衣冠楚楚，她到我家来，如帝王巡视般登堂入室，但看起来要比之前圆润许多，所以更显风韵了。

我一时有点自惭形秽，不知该说什么。老婆见状，说："瞧你那点出息，看见美女眼都直了，嘴都僵了。"

我赶紧说："别来无恙啊！"

L 笑得还挺开心，说："无恙，非但无恙，还更好了呢。真得谢谢你啊。"

我得意并谦虚地说："嗨，谢我干吗？"

L 说："当然要谢谢你啦，那天听你说完话我很生气，回家之后摔了两个杯子才把气消了。然后，我就想啊，我何必在乎一个讨厌鬼说的话呢？你还让你媳妇给我发来一句'他人即地狱'，当时我就想：你们这些讨厌鬼真的就是地狱。

"这么一想，我啥事就都想开了：别人说什么、怎么说，我干吗要去在乎呢？我做什么、怎么做，又何必在乎人家的评价呢？有了这种想法，我感觉什么事都不那么重要了，因为自己想要的才最重要。所以，老娘现在想吃就吃、想睡就睡，这感觉好极了。"

我说："能给你当一回反面教材，不胜荣幸。"

那天，L约着我老婆一起出去吃大餐了，由于我已经失去了"利用价值"，所以连蹭饭的资格也被一并剥夺了，只好一个人在家喝凉水、吃饼干。不过，我心情还挺不错的。

对我来讲，L这样的人是最可怕的，也是最可爱的。因为，他们的决心和意志是如此坚决——假如他们从心理上不认可你的说词，那么就会像石头一样坚硬。

但是，如果他们真的认识到了问题所在，那么，以他们的自制力和克服困难的意志而言，没有他们做不到的事。尤其是当他们把你当成敌人，要证明点什么给你看的时候，就一定会"有你好看的"。

所以，还是我的激将法用得漂亮！我不禁在心里暗暗给自己喝彩。

▶ 你所认识的成就型人格

爱迪生是典型的成就型人格，这类人最为显著的一个特点就是目标明确。正如爱迪生自己所说的那样："要成功，首先必须立定目标，然后集中精神向目标迈进。我一天也不能放弃工作，因为我所做的每一件事情都令我感到很愉快。"

爱迪生好读书，不过，他不属于那种博览群书、以书为友的类型——相反，他是带着目的性读书的。

在研制改进打字机的一个部件时，爱迪生就到图书馆把所有关于打字机的书都借了回来，然后带着问题去仔细钻研，并很快解决了问题。

在发明电灯的那段时间里，他也经常钻进图书馆阅读相关资料，根据需要还会摘抄其中的一些段落。而与工作无关的书，爱迪生一律视为闲书，一概不碰。

对成就型人格的人来讲，他们之所以目标明确，是因为这是实现自己核心需求的手段。而他们的核心需求，就是财富、名誉、地位等。所以，与其他潜心搞科研、不问名利的科学家有很大不同的是，爱迪生对财富和地位非常看重。因此，他从事发明工作也有这方面的原因。

爱迪生有生以来的第一个发明专利是投票机，他之所以会研究这么一种机器出来，是因为：他发现国会投票的流程非常复杂，时间也被拉得很长。如果他能发明出一种可以自动投票的机器，国会一定会需要，而给国会提供先进仪器，肯定是一件名利双收的事情。

很快，爱迪生就通过自己掌握的电力知识设计出了一台投票机，对此，议员们只要按一个按钮，候选人的票数就会自动加一，同时还能打印出一张投票记录。现在看来，这项发明好像很小儿科，但是在当时绝对属于高科技产品。

然而，当爱迪生信心满满地去国会推销自己的产品时，没想到被对方一口拒绝了，理由是：国会是故意把投票时间拉长，因为这样可以给投票者足够的思考时间，而爱迪生的这项发明对他们来讲没有任何好处。

这次失败让爱迪生遭遇了破产，而且也让他想通过这一发明赢得财富和声望的希望破灭了。但是，对成就型人格的人来讲，他们非常坚定，有百折不挠的勇气，这是他们的第二个特点。

因此，爱迪生并没有就此放弃，而是下决心一定要发明出更能被市场所接受的东西。所以，他的第二项发明是给金融电报接收机增加一个打印功能。

通过调查，爱迪生发现：在交易所里，电报员接收到一份电报后必须要马上手写出电报内容，但是，由于这个过程非常急促，所以电报员经常会犯错。

针对这一情况，爱迪生发明了一台机器，而这台机器在收到电报后可以直接打出如"黄金10美元"这样的清单，既保证了内容的准确性，也降低了电报员的工作强度。

这项发明问世之后，果然受到了市场的欢迎，很多人来向爱迪生购买这种机器，他也因此赚到了不少钱，还拥有了更高的知名度。

正是因为做事的目的性极强，所以，爱迪生才能不断地朝着目标稳步向前，即便面临挫折也可以百折不挠，最终成为举世闻名的大发明家。

与此同时，我们应该注意到，成就型人格的人虽然常常能够获得成功，但是有时候也会发展出一些明显的缺点。

首先，成就型人格的人热衷于自我宣传、作秀。其次，他们为达到目的会不择手段。最后，他们常常会为了实现目标而牺牲婚姻、家庭、朋友等，做出一些在外人看来不讲道义的举动。

巧的是，爱迪生在拥有了成就型人格的典型优点的同时，也一个不落地"承包"了全部的缺点。

说起自我宣传或作秀，爱迪生是这方面的行家。

爱迪生在世界范围内如此出名，很大的一个原因就是他善于自我宣传。他主要的发明创造都来自自己的工业研究实验室，这个实验室建在美国新泽西州的门罗公园内，曾经创下了6年内创造出400项发明的壮举。

事实上，这些发明并不是爱迪生一个人完成的，他的实验室里有大约 20 名左右的工程师、机械师、物理学家在为他工作，他们的贡献也不小。但是，爱迪生在对外宣传的时候，往往会把所有的成绩都归到自己身上——他的名头因此越来越响亮。

当年，有一位名叫特斯拉的青年来到爱迪生的工作室。一开始，爱迪生认为这名年轻人不过是又一个来给他"打工"的，实际上，对物理学稍微有点了解的人都知道，这名年轻人是天才物理学家，在之后的物理学界有着举足轻重的地位。

特斯拉之所以来投奔爱迪生，是因为他以为爱迪生是一位纯粹的科学家。但很快他就发现，爱迪生其实更像一名商人——重视商业价值高于重视科学价值。

对特斯拉这样一位纯粹的科学家来讲，这是他不能忍受的，他说："爱迪生这种无视基础知识，毫无理论依据的大量实验，实际上是一种愚蠢的行为。"很快，他离开了爱迪生的实验室。

之后，特斯拉在科研上取得了巨大的成就，尤其是关于交流电的研究，更是有了重大的突破。这时候，爱迪生坐不住了，因为他掌握着直流电发电技术，通过卖直流电发电机，他可以源源不断地获得商业利益——如果交流电取代了直流电，那么他的利益将严重受损。

于是，爱迪生开始不择手段地打压特斯拉。这也是成就型人格的人容易犯的第二个错误——做事情不择手段。

爱迪生先是成功说服了银行家约翰·皮尔庞特·摩根不再投资特斯拉，断绝了特斯拉的研究经费来源。这还不够，他还在公开场合抹黑特斯拉和交流电。

爱迪生亲自编撰了长达 61 页的小册子来说明交流电的"杀伤力",并免费分发给政府和民众。他还在《北美周刊》发表了一篇题为《电灯之危险》的文章,说交流电一不小心就会致人死命。

为了让大众能够更加直接地感受到交流电的"危险",爱迪生找来一批小学生到街上抓来猫狗等小动物,然后当众电击它们。

爱迪生先是用 1000 伏直流电电击小动物,它们仍然活着;接着再用 350 伏交流电电击它们,结果它们都死掉了。他甚至还找来一头大象,然后用交流电活生生地把大象给电死了。

后来,当爱迪生得知纽约州监狱官员想用"电刑"来执行死刑的时候,更是喜出望外——他马上买来一台交流电发电机,设计出了世界上第一把"电刑椅"送给了监狱官。

有一天,因杀妻被判死刑的威廉·弗朗西斯·凯姆勒当着媒体的面被绑到了电刑椅上,然后被高压交流电当场电死。

爱迪生的这一系列举动本来是为了抹黑特斯拉的,但对围观群众来讲,是什么方式残忍地电死了一个人并不重要,重要的是,谁在用这种方式杀人。于是,群众把矛头都指向了爱迪生,认为他是个残忍的刽子手。

因此,爱迪生的声望一落千丈。而被爱迪生一再抹黑的交流电,由于确实代表了先进生产力的发展需要,所以在后来被广泛应用。到今天,我们所使用的大部分电器都是通过交流电供电的。

　　而作为爱迪生曾经的同事，特斯拉虽然被爱迪生反复打压，但是最终依然靠自己卓越的贡献成了世界闻名的大科学家。

　　由此可见，作为典型的成就型人格的代表人物，爱迪生确实超群，他目标明确且坚定，野心勃勃，重视名誉，因而成就了非凡的事业。但是，成就型人格的主要缺点在爱迪生身上也体现得非常明显，这使得他并不那么完美。

　　当然，还要强调一下，成就型人格的人可能会有这样那样的弱点，但并不代表所有成就型人格的人都会"染"上这些毛病。就如同我们说爱吃甜食的人更容易得糖尿病，但并不代表所有爱吃甜食的人都会得糖尿病，这不过是一种可能。

　　所以，任何人通过心理建设都可以发扬优点，避免缺点。

第四个人

我和他们

　　四型人格的人最主要的特点是，他们总在追求〝与众不同〞。这是许多四型人格的人获得成就的源泉，同时也是更多四型人格的人最大的缺陷。

4 自我型人格色彩——紫色

四型人格——自我型人格的代表颜色是紫色。紫色是古代西方皇家的专属颜色，或许是因为皇族认为紫色是一种卓尔不群、特立独行的颜色，因此将其据为己有。

四型人格的人最主要的特点是，他们总在追求"与众不同"。这是许多四型人格的人获得成就的源泉，同时也是更多四型人格的人最大的缺陷。因为过于追求另类，所以，四型人格的人从不循规蹈矩，总是语出惊人，可是他们也在积极追求他人的认可。

这就形成了矛盾。所以，四型人格的人在熟人（认可自己的人）和生人（不认可或可能不认可自己的人）面前，完全是两个样子：在生人面前，他们会表现得沉默和冷淡，甚至表现出拒人于千里之外的态度；在熟人面前，他们非常有爱心，并且善于抚慰他人情绪。

当四型人格的人能够真正接受那个不一样的自己，且能够容忍他人的"不一样"时，就是他们实现自我升华的时刻。

➤ 那个被你否定的"他们"究竟是谁?

在一般人的眼中,那些杰出的人物往往都是特立独行的、不合群的,就是所谓的"卓尔不群"。实际上,不是杰出的人物都不合群,或许只是与他们"合群"的人里没有你。

可惜,这个浅显到有些残酷的道理,不是所有人都会明白的。

所以,现实生活中我们会遇到这样的人,他们刻意地追求所谓"与众不同"的个性,以背离大众为荣,以附和他人为耻,他们从不害怕自己难以融入群体,而是将其视为自身具有"独特"才华的证据。

我的学生 Y 就是这样的人。

客观上来讲,Y 很有才华,但是呢,这也只局限于他比周围的人思维更敏捷一些、看法更新颖一些,但还没有达到可以睥睨身边所有人的地步。可问题在于,他对自己的才华似乎有些错误的认识,认为自己比身边的人都要高明得多,所以常常有惊人的言论和行为。

有一次,我让年轻的学员分析一个案例,要求每个人都要交出分析报告,然后大家再集体讨论。

所有人的报告交上来之后,我先大概地看了一眼。由于那个案例比较经典，所以，大家分析的结果也相对一致，是非曲直看起来很明了。

Y 的报告也是如此，不过，他的论据、论点更充分一些，而且，语言上也更加简洁、准确。我看了之后很高兴。

到了集体讨论的时候，大家各自陈词，其他同学先发言，然后我们发现"英雄所见略同"。

这时候，一般人都比较愉快，毕竟对我们大部分人来讲，"同盟者"越多越开心，人之常情嘛。但是，我发现，在其他人发言的时候，Y 有些坐立不安。于是，我点了他，想听听他的想法。令人意想不到的是，Y 的发言与他所提交的报告内容相去甚远。

我意识到，Y 为了体现出自己"与众不同"的才华，临时改变了观点，现场重新组织了一番语言。

不得不说，Y 的语言组织能力很出众，他的这番"即兴演讲"从形式上讲也是有理有据，思路还算清晰，措辞也挺讲究。但是，其他同学的演讲都是经过长时间的打磨，有分析报告作支撑的，即便 Y 有些急智，但他临时酝酿出的观点也没办法跟其他同学经过深思熟虑后的成熟观点相比。

由于 Y 与大家的观点不一样，因此，原本一片祥和的讨论氛围不复存在了——Y 跟其他同学展开了辩论。

其实，我比较喜欢"百家争鸣"的局面，也很喜欢有些锐气敢于反抗主流、自由表达的年轻人，但是，眼前的辩论场面和处于辩论中心的 Y，却让我喜欢不起来。因为，此时的 Y 不是为了一个正确的，哪怕是自以为正确的观点在跟别人辩论，而仅仅是为了"我要与他们不一样"而斗嘴。

我看过之前他提交的报告，知道他心里想的真正的观点与大家的观点其实是一致的。这意味着，他在跟"自己心目中的正确观点"辩论，就因为"想要与别人不一样"，他抛开了是非曲直，颠覆了自己的立场，站在了自己的对立面。

这让人感到失望。

等他们辩论完之后，我让其他同学先走了，就留下 Y 一个人。我看着他，没有说话。

Y 主动说："蔡老师，我发挥得不好。"我明知故问："你为什么没发挥好？"

Y 回答道："因为我是临场发挥，而他们早有准备。"

我有些生气，说："你明明也是早有准备的，为什么要临时改变主意？"

Y 笑了，说："如果大家的观点都一致的话，那么，这场谈论会又有什么意义呢？"

我肯定地说："这是为了得出正确的结论，难道这个意义还不够吗？"

Y 沉默了，过了一会儿才说："得出正确的结论当然很重要，但是，我觉得若没有错误，那么正确也就没意义了。所以，当大家都正确的时候，我宁愿变成错误的那个……"

我接着他的话茬儿说道："于是，无论正确或错误，你都变成了最与众不同的那个，对吗？"

Y再次沉默，又想了很长时间才说："或许您说的没错，但是我觉得特立独行也没什么问题。"

我说："特立独行当然没问题，但如果是一心想着标新立异而罔顾自己内心真正的想法，那就有问题了。"

Y问："特立独行和标新立异又有什么区别呢？"

我答："真正的'特立独行'往往是不在意这个世界怎么看自己，'标新立异'往往是太在意这个世界怎么看自己。你属于哪一种？你自己回去想一想，想好了咱们接着聊。"

Y似有所思，站起身离开了。

其实，一直以来我就知道，同学们都不是特别喜欢Y。而他自己呢，奉行的也是孤立主义，与周围人的关系比较淡。这一点不奇怪，因为他总是在否定别人，而且是无休无止的否定。即便是心胸再宽阔的人，也很难与一个事事否定自己、为了否定而否定自己的人和谐相处。

像Y这样的人并不少见，尤其是在四型人格的人里，这种人最为常见。因为，四型人格的人最主要的追求就是"独特"——在潜意识里，他们会有这样的想法：如果我不独特，那么就没人会喜欢我。

不过，好的一面是，四型人格的人具有艺术家气质，常常能以异于常人的眼光和视角看待世界。所以，这类人中出现过很多为社会做出突破性贡献的伟大人物。

但如果四型人格的人走向极端的话，就会变成像Y这样的

"反对者"。他们习惯于反对（否定、对抗）一切，并以此来获得成就感和存在感。

所以，如果你的身边有这样的人，你首先要明白的是，他反对的不是你，而是自己的内心。他们之所以那么善于发现别人的缺点，那么缺乏夸赞别人的能力，是因为他们的心中住着一个习惯于反对一切的执拗灵魂。

我不是说这种行为或性格值得被原谅，也从来不赞同把"宽容"当成是解决一切对抗的手段——我是想说，面对一个总是在反对你的人，你该这样做：

第一，你不应愤怒，因为那不是你的错；

第二，你也不应因此而过于怀疑自己，因为那很可能不是你做得不好，只是对方习惯于挑刺罢了；

第三，你不要去以牙还牙地进行报复，因为那对对方来讲是一种乐趣，而对你来讲却是一种折磨，因此，这是一场不对称的"战争"，只会让你陷入被动。

➤ "特立"，但别"独行"

我有个朋友 X，他是我的大学同学。认识他的时候，一开始我觉得他是个很普通的人，没什么特别之处。但是，渐渐地，我发现他有些不一样。

在大学里，集体活动很多，学校的、班级的、宿舍的，林林总总，总会占据人的很多时间。

其实，很多同学都不是特别愿意参加活动，但是，那时候我们特别重视"集体感"，总觉得不去参加集体活动是个人主义的表现，不太好。所以，绝大多数同学即便不愿意，但还是会被各种各样的活动所"裹挟"。

唯独 X 属于那种特别有主意的人，自己不愿意参加的活动，他绝对不参加。甚至，有时候宿舍组织的聚会，他也会以"我今天心情不咋样"或"不太想出去"这样的理由回绝。

有时候，我们也想说服 X 跟我们一起参加活动，但费尽口舌都没用。

按道理说，X 是有点"独"的，可是没人觉得他这么做是错的，更不会因此而讨厌他。为什么？

就是因为他的"特立独行"不会给任何人添麻烦——相反，只要是自己答应下的事，他一定会遵守约定。他也从来不会主动找人帮忙，但是，别人如果有事求他，只要不违背他的原则，他一般也不会拒绝。

此外，还有更重要的一点是，他所做的事情，可能是别人心里想做却受困于"从众心理"而不敢去做的。因此，大家除了不讨厌他，还很欣赏他，因为他能坚持自我，也不伤害别人。

所以，问题出来了：真正的特立独行是什么？

答案是：是对自己内心真实意愿的顺从，是对外界"错误"

的反抗，二者缺一不可。

如果你觉得自己是个特立独行的人，那么，首先你要审视一下自己的内心，搞明白你"反对"的是什么？从哪里来？这一点很关键。如果仅仅是为了反对而反对，那么，这样的反对是无意义的，也称不上特立独行。

在九型人格理论中，四型人格的人属于最特立独行的一类。但也跟其他人格类型一样，四型人格往积极的方向发展，就是特立独行，有艺术家气质；可若是反过来，也容易形成喜欢标新立异、自我陶醉甚至自我放纵的负面性格。

一般来讲，四型人格的人有这么几种类型：

第一种：他们是富有灵感的创造者，因为他们总是能看到别人看不到的广阔世界。

第二种：他们是非常好的演讲者，因为他们对于自己和他人内心的渴望有着深刻的了解。

第三种：他们是自我陶醉的浪漫主义者。这属于那种想法跟他人很不一样，但不会表现出攻击性，不会给别人添麻烦的一类人。X就是这样的人。

这三种类型属于四型人格的健康状态。

第四种是自我疏离的抑郁者。这是因为，他们一方面发现自己的想法与众不同，另一方面则因此而担心自己不能被他人所容纳、接受，因此，内心开始萌发出强烈的自我否定，进而会表现出抑郁的特征。

第五种是富有攻击性的反抗者。当这类人发现自己与别人不一样的时候，会变得很缺乏安全感，但是，他们同时也缺乏客观看待事物的能力，因此会认为自己是"掌握真理"的那一小部分人，从而将大多数人视作"愚蠢"的平庸者，于是，他们会以"异见者"的身份为荣，处处表现自己的独特性。

Y 就是这样的人。

第六种是有自我毁灭倾向的人。这种人是第四种人和第五种人的结合体，他们一方面因为自己与他人不同而深感焦虑，另一方面又会极力反对与自己不同的人。这种失控的"对抗心理"会极大地消耗他们的幸福感、平常心和自控力，最终使他们走向自我毁灭。

正因为四型人格有如此巨大的反差，其中，健康人格的人是非常有魅力的，而且容易获得较大的成就；而非健康人格的人则往往会面临社会关系紧张，事业上坎坎坷坷的境地。

所以，四型人格的人一定要特别注意自己的性格，努力让自己成为前三种人，避免成为后三种人。

那么，假如一个四型人格的人在成长中遇到了一些不幸，使得他的性格走向了负面，成了后三种人，那么，他怎么才能走出性格的泥沼呢？

关于这个问题，我想起了儿时的一个玩伴，他的名字叫孙建。

小时候，孙建属于那种比较安静的孩子，在一帮淘气小子上蹿下跳、四处捣乱的时候，他更喜欢抱着一本故事书津津有味地看上一整天。不过，如果有小伙伴约他出去玩，他倒也不会反感。

有一次，一帮小孩子跑到一片瓜田旁边玩耍，孙建也在内。玩着玩着，大家感觉又累又渴，于是有几个小孩子就提议——偷瓜解渴。

孙建是一百个不愿意的，但是他架不住其他伙伴的强拉硬拽，于是也成了一员"偷瓜贼"。

结果，一帮小孩子刚进瓜地没多久，恰巧被看瓜的老爷爷抓了个正着。更巧的是，这老爷爷正好与孙建的父母相识，于是，倒霉的孙建便被老爷爷送回了家。

其实，老爷爷倒也并没有把这档子事看得有多大，只不过是认识孙建的家人，怕孙建染上偷东西的坏毛病，想把这事告诉家长，让他们以后注意点。

谁承想，孙建父亲得知此事后，觉得一贯听话的儿子这是要变成"坏孩子"的节奏，于是为了惩戒孙建，就把他打了一顿。

那年月，家长打孩子的事情常见得很，哪个淘气孩子没接受过鸡毛掸子的洗礼？大部分孩子打着打着就被打皮了，打过之后还是该干吗就干吗。但是，孙建本来就比较内向，又一贯听话，根本没挨过打，所以，被父亲打了一顿之后，他的情绪非常低落。

从那之后，孙建就很少跟其他伙伴一起玩了。现在想想，可能是他觉得跟着这帮"愚蠢"的家伙在一起没好事，加上他本来就是那种喜欢安静的孩子，所以干脆就独来独往了。

孙建是个聪明的孩子，加上到后来他基本上不跟其他伙伴一块儿玩了，只是专心读书，所以很快就成了远近闻名的小神童——学习好、爱看书、懂得多，也成了很多家长嘴里的"邻居家的孩子"。

时间过得很快，转眼间，孙建从小学生变成了中学生、大学生，最后走进了社会。

后来，由于孙建跟周围的伙伴接触得少，所以大部分人都跟他失去了联系，只是在与同乡人聊天的时候，会从各种渠道听说有关他的消息——上了重点高中，考上了名牌大学，在某家大公司任职，在城里安了家、年薪几十万……

在所有人的眼里，孙建都属于成功人士，过着幸福美满的生活，令人羡慕。事实并非如此。

大学时期，我和孙建在同一座城市，虽然那时候他比较内向，但毕竟作为同乡人，我们难免会从心理上产生一种天然的亲近感，所以经常相互走动。再加上他知道我学了心理学专业，有时候会主动向我问一些关于这方面的问题。

作为朋友，我知道孙建内心的一些真实想法。由于一贯以来都是众人口中的优秀代表，所以，他在内心里有一种认识："我跟一般人不一样，我是个更优秀的人。"

实事求是地讲，孙建的这种认识并没有错，因为事实的确如此。可是问题在于，这并没有给他带来快乐——相反，却使得他的内心充满了抑郁。

可以说，一个自负而内向的人，他的精神世界往往更加深邃，他的想法、他的追求也与一般人有很大的不同。

孙建就是这样，当看着别人为了学业、事业、爱情、家庭等忙碌的时候，他在想：难道一个人的成功与否能用这些外在的标尺衡量吗？如果不能，那么应该怎么去衡量？

有一段时间，孙建每次找我聊天都是这些内容。他告诉我："我不知道自己所做的事到底有没有意义，也不知道做什么事才算有意义。因为不知道自己该做什么事，所以我对自己存在的价值产生了质疑。毕竟，面对整个社会的评价体系，渺小的我实在显得太微不足道了。"

我对他说："其实，大部分人都不可能把这些问题真正想明白——事实上，大部分人根本就不会想到这些问题。"

孙建很激动地说："就是因为大部分人都在浑浑噩噩地活着，所以我才不想与他们一样！"

当时，我的心里面马上响起一个声音——典型的四型人格！

▶ 人心最难是慈悲

佛家讲，人心最难是慈悲。

或许，很多人觉得这句话的意思是慈悲心最难得，所以越多越好。而在我看来，这句话可能指的是拥有一颗慈悲心非常艰难，因为慈悲心固然好，但不是每个人都能驾驭的。

我之所以这么说，就是通过观察一些四型人格的人所得出的结论。

人们可能很难相信那些特立独行的、绝不愿与"平庸者"为伍的四型人格的人，其实他们是最有慈悲心的。

四型人格的人，对别人的痛苦具有先天且深层的同情，他们有很强烈的助人意愿。但同时他们又害怕被人拒绝，时刻担心自己的好意不被接受，这让他们变得沉默、害羞，遇事经常会退缩。

结合之前所说，一方面，四型人格的人害怕自己与别人一样；另一方面，他们又对别人的遭遇会报以最大的同情。所以，他们从骨子里会觉得，自己是一个"有义务改变不良局面的独特人物"。

搞明白这一点，我们再去理解之前案例中所说的那些四型人格的人，会觉得他们的行为其实是有一致性的：

我的那位学生 Y，不惜放弃正确的观点来跟所有人唱反调，是因为他觉得讨论会应该有一个"反对者"，那样才更有意义。

我的那位同学 X，保持特立独行的态度，也可能是因为他觉得当时大学校园里的某些"风气"是不对的——既然大家都不敢对抗这些风气，那么就让他来吧！

孙建，用一般标准去衡量的话，他已经是一个非常优秀的人了，也就是说，这些标准对他其实是"有利"的。但是，他为什么会去质疑这些对他有利的标准呢？

他的原话是："我觉得很多人被这些所谓的'幸福标准'搞得焦头烂额，我想的是，一个让大部分人都不幸福的幸福标准，它的存在本身就是非常荒谬的。"

所以，这三个人其实有一点是相通的，那就是——他们都会觉得自己有必要"顾全大局，造福他人"，这就是所谓的慈悲心。但为什么他们的行为会带来截然不同的甚至相反的结果呢？这就是我们所说的"慈悲心不是每个人都能驾驭的"。

那么，慈悲心从哪里来？可以说，慈悲心是从"高人一等"的自我感觉里来的。我们说佛祖慈悲，是因为佛祖本来是王子，但是他能体会普罗大众的苦水，这叫慈悲。一个平民体会到了另一个平民的难处，这不是慈悲心，而是同情心。

因此，一个人萌生慈悲心的前提，往往是他在某个方面的优越感——他觉得自己与众不同，所以特立独行，不愿意被世俗所束缚，最后产生了"改变他人"的意识。

这种意识往好处发展，会带来成就感、使命感和执行力——世界上那些著名的慈善家都是如此。他们往往是杰出的成功人物，然后觉得自己有必要改变这个世界上某种不好的现象，于是会变得非常慷慨——在帮别人这件事情上，他们非常有执行力，也从中收获了极大的满足感。

可是，一个人的"慈悲心"若是往坏的地方发展，就会变成类似于这样的想法："我比你们出色，所以，我跟你们不一样是正常的——而且，你必须要跟我一样才行。"

如果一个伟大的人物有这样的想法，可能会通过自己的实际行动去影响别人。

但是，假如一个普通人或是一般优秀的人有了这样的想法，却无法通过自己的榜样作用带动其他人向他"学习"，只会通过粗暴的手段去干预别人、勉强别人，那么就会带来人际关系的灾难。

对这部分人来讲，他们最需要做的一件事情就是——先认识到自己的平凡。事实上，大部分健康的四型人格的人，在经历过多年的学习和工作之后，随着眼界的开阔和心智的成熟会意识到：我虽然跟别人不一样，但并不是因为自己处处比别人高明，或许只是思考问题的方式不同罢了。

但是，有一小部分四型人格的人却没能在成长过程中明白这个道理。他们坚持认为自己是非同一般的，如果在实际生活中没有足够的"证据"来支撑他们这方面的优越感，他们就会把更多的精力放在"获取虚假优越感"这件事上。

什么叫"获取虚假优越感"呢？就是通过逃避真相、否定和歪曲现实来进行自我欺骗的一种心理防御机制。前面提到的我的那位学生Y就是典型的例子。

自我欺骗，是一种最彻底的欺骗。一个人欺骗别人的时候，别管他做什么、说什么，最起码心里明白这是欺骗。但一个人欺骗自己的时候，他甚至都意识不到自己的行为。

那些通过自我欺骗来获取优越感的人，他们常常觉得是别人需要自己，实际上恰恰相反，是他们需要别人。因为，他们需要别人的平庸来衬托自己的优秀——为了证明别人的平庸，他们总是在反对别人，指责别人的错误。在这个过程中，他们体验到一种比别人"高明"的优越感。

但是，他们忘了一个最基本的逻辑——即便你证明了别人的平庸，指出了别人的缺点，想尽办法与这些人区别开来，也并不能表示你的优秀。所以，这种"获取虚假优越感"的心态如果持续得太久，对于现实是毫无帮助的，反而只会让人染上一身戾气。

毒舌的人，张嘴闭嘴都是一口尖酸刻薄的话，到哪里都不会讨人喜欢，甚至人人"趋而辟之"。鲁迅先生说："真的猛士，敢于直面惨淡的人生。"这就是说，即便我们知道自己并不是最受上天眷顾的那一个，知道自己并不是异于常人的天才，但我们还是要勇敢地直面真实的自己。这样的人，才能被称为"真的猛士"。

在职业生涯中，我遇到很多人控诉他人，指责他们的愚蠢和冥顽不灵，似乎人际关系中所有的矛盾都是因为他人太愚蠢而自己太聪明造成的。

对于这些人，我经常对他们说的一句话是：其实，大部分人的心智都在一个差不多的水平上，你这么看他，他也会这么看你——至于到底谁对谁错，站的角度不同，结果自然也会不同。

大家彼此鄙视来鄙视去，互相找碴儿，互相找存在感，到头来只不过是消耗生命罢了，很难有个结果。

相反，如果能站在对方的角度去考虑问题，多向对方学习一些处理问题的方式，在"存异"的同时尽量"求同"，相信结果会好很多。

这句话，我也对我的那位学生 Y 说了，不知道当时他听懂了没有，但是，从那之后，他似乎对同学们多了一分认同，少了一些对抗。

最后，我想说的是，四型人格的人是非常可爱的一群人，他们身上的艺术气息、特立独行的勇气、与生俱来的慈悲心都是非常可贵的。但是，希望所有四型人格的人在保持自己独特性的同时，也要意识到"我"和"他们"既是相互独立的个体，又是生活在同一片蓝天下的平等灵魂。

只要意识到这一点，你的世界会美丽很多。

➤ 你所认识的自我型人格

"诗仙"李白可能是最被大众所认可的自我型人格。这类人在内心里觉得自己是与众不同的，喜欢我行我素，感情丰富，天性浪漫，不媚俗，有创意，拥有敏锐的触觉和独特的审美眼光，时常会做出一些惊人之举。

这一点在李白身上体现得很充分，比如"力士脱靴"的典故。

李白来到长安后深得唐玄宗的赏识，皇帝不但封了他官职，还经常邀请他参加宫宴。李白虽然常跟达官显贵打交道，但并不把他们放在眼里。

有一次，李白在皇宫里喝醉了，他伸出一只脚，对身边的高力士说："给我脱掉靴子！"高力士一时不知该怎么办才好，便按照李白的吩咐做了。

众所周知，高力士虽是宦官，却深得唐玄宗的信任，手上掌有很大的权力，朝中官员没有一个不巴结他的。可是，李白全然不顾，而他对高力士提出了这么任性的要求，以致后来遭到贬黜。

这件事足以证明，在李白看来，自己没必要按照他人所普遍认可的方式去生活，更多的是"随心随性"。

从外在气质上来讲，自我型人格的人往往感性、迷人，富有艺术家的气质，在人群中会显得非常突出。这些特点在李白身上也是显而易见的，诚如余光中在《寻李白》一诗中所描写的那样："酒入豪肠，七分酿成了月光／余下的三分啸成剑气／绣口一吐，就半个盛唐。"

从内在的性格上来讲，自我型的人虽然看起来孤芳自赏，但他们富有同理心和包容心，并且善于发现他人的优势和长处，自谦却不自卑。

黄鹤楼东侧有一座亭子，名为"李白搁笔亭"。当年，李白游历武汉登览黄鹤楼时，看见长江美景，不由诗兴大发，想提笔写一首诗。

就在这时，李白无意中看到此前崔颢题写的《黄鹤楼》，觉得这首诗写得太妙了，自己的诗作不能与之相比，便搁笔感叹道："眼前有景道不得，崔颢题诗在上头。"

虽然李白搁笔，但他心里总想着何时能作一首可与《黄鹤楼》相媲美的诗，于是便有了《登金陵凤凰台》——此诗亦成了李白的传世名作。

从外表来看，四型人格的人傲世轻物，不太重视他人的感受，实际上，他们是最有同情心和慈悲心的一群人，而且非常愿意帮助人。当然，他们也有一些"弱点"，最主要的就是自怜、幻想、多疑、骄傲，这会浪费掉他们许多的精力。

或许，当四型人格的人出现在你周围的时候，他们的特立独行会让你感到有些紧张。但请你给他们多一点宽容，不要轻易下结论说这种性格好或是不好，文明社会最重要的一件事就是能容得下不同的人、不同的态度、不同的生活方式。

一个人跟随自己内心的声音，即便离经叛道，只要不危害别人就没什么不好的。而且，我们必须承认，有些杰出的事业确实需要与众不同的人去开拓，这类人的存在对于整个社会来讲是有益的。

第五个人

想得太多，做得太少

五型人格的人最大的问题在于，他们是如此的勤于思考，以致完全忽视了行动的重要性，所以，他们是想得最多、做得最少的一群人。

5 理智型人格色彩——蓝色

五型人格——理智型人格的色彩是蓝色。蓝色属于冷色系，因此，五型人格的人在情感上属于比较淡漠的一种。

他人很难能从五型人格的人眼神中觉察到情感、情绪，这也强化了那份冷漠的感觉。当无法回避情绪、情感话题或环境的时候，他们也会以回避对方注视的方式保持低调，这就给人一种眼神"迷离"的感觉。

五型人格的人，从外表上来看之所以非常冷漠，是因为他们经常沉迷于自己的内心世界，因此忽视了外界环境。另外，他们之所以话很少，一方面源自他们总是需要以客观的身份来进行观察和思考；另一方面，他们认为语言本身会引起很多情绪和情感，所以他们对此比较抗拒。

五型人格的人最大的问题在于，他们是如此的勤于思考，以致完全忽视了行动的重要性，所以，他们是想得最多、做得最少的一群人。

▶ 道理都懂，就是不做

男人聚在一起聊天，内容无非就是这几个方面：事业、时事和异性。而异性话题在其中占据着很大一部分比重。

年轻时，大家都聊得天马行空，哪个姑娘长得好，哪个姑娘有风韵；年龄大些结了婚之后，收敛多了，主要话题都放到了老婆身上。

老胡年龄不算大，但结婚挺早，我们都管他叫"祥林嫂"，就是因为他总是爱向别人控诉他老婆对他的"折磨"。

老胡感叹道："有时候我觉得女人结了婚之后，变化真的太大太大了。"

"哪儿变了？"我问。

老胡瞬间打开了话匣子："你知道吗？她每天最少会给我打三个电话。"

我说："夫妻之间勤联系，时刻保持思想统一，这不是挺好的吗？"

老胡哭丧着脸说："但是，她每次给我打电话就像是在播报时事新闻：'宝宝，你在干吗？我给你买了一杯奶茶，好好喝啊！''宝宝，你在干吗？我的同事在讲笑话，太可笑了！'都是一些这样的话，你明白吗？"

我有点蒙，不知道该说什么好了。

老胡接着说："她甚至开始写日记了，把自己每天发生的事都记下来，然后通过微信发给我，一条又一条的。假如她发现我没有看，就会生气：'哼！我给你发了那么多信息，你都不看！'"

我强忍着笑，安慰他说："这样挺好的嘛，证明你老婆依赖你。"

老胡说："对对对，问题就出在这儿，就是这个'依赖'。我老婆原来也算是个有为女青年，可是现在我发现她变了，她会构想出无比美妙的生活图景，但是自己不做任何事情，都依赖我去做。

"比如说，原来她很勤快，家务做得井井有条。但是，现在她基本把所有的事情都交给我做，甚至连衣服都得我帮她洗。就算出去旅行，我也要把什么事都规划好——即便这样，她也懒得动弹。我感觉现在她整个人好像要颓废掉了。"

然后，老胡语重心长地对我说："我说了这么多，不是因为我不想做这些事情，而是害怕我老婆被我养废了，以后会变成完全没有行动力的人，这很可怕的。"

我知道老胡只是想对我倒一倒苦水，没有其他想法，所以只是安慰了一下他。不过，我心里却想：其实，像老胡老婆这样的案例，并不鲜见。

随着生活模式的固化，很多人会变得行动力越来越差，尤其是当他们有所依赖的时候，更是会陷入到精于规划、拙于行动的怪圈中。这就是人们常说的"执行力缺失"。

其实，像老胡老婆这样缺乏执行力的表现，是一种比较常见的典型现象——习惯了依赖，所以逐渐丧失了主观能动性。

很多执行力差的人，其实都有类似的经历，或许是小时候家长过于溺爱他，事无巨细地都帮他做了；或许是在一个比较安逸的环境中工作，只需要按部就班，不需要太多主观能动性就能完成工作……

安逸的环境消磨了一个人积极进取的意志，稳定的生活状态麻痹了一个人主动求变的决心，最终的结果就是执行力的丧失。

总的来说，这些人有一个共同点，就是"想得少，做得少"。也可以说，正因为他们对于生活缺乏积极的想象力、规划，所以体现在行动上就是缺乏动机和激情。

这是大部分缺乏行动力的人的通病。之所以说"大部分"而不是"全部"，是因为这个世界上还存在着这样一群人——他们做得很少、执行力很差，但不是因为想得太少，反而是因为想得太多了。

这些人热爱学习新知识，遇事喜欢分析、思考，什么事情都能从理论上说得头头是道、搞得明明白白，甚至把解决问题的方法都想到了，但就是不付诸实际行动，最终把所有高明的想法都变成了无用的空谈。

不幸的是，很大一部分五型人格的人就属于这类人，也就是人们常说的"道理都懂，就是不做"的那类人。

与一般懒得想、懒得动所以才缺乏执行力的人最为不同的一点是，五型人格的人一点都不懒，尤其是体现在学习上——他们对于知识充满了求知欲，也愿意付出时间和精力去思考、去分析、去规划。

在一般人看来，一个人已经把事情想得这么明白、规划得这么仔细了，只要按照自己的想法去做，就可以事半功倍了。但五型人格的人偏偏就差这"临门一脚"的行动力，他们付出了那么多的时间和精力，最终却倒在了行动的起跑线上。

他们觉得最近身材有些走样了，于是办了一张健身卡，准备通过运动来恢复身材。为了达到更好的效果，他们在家里学习各种生理学知识、运动学知识，总结出了一套最健康、最有效的塑身理论。

结果呢？从办理健身卡到健身卡失效的一年里，他们总共只去了健身房三四次而已。

他们觉得抽烟是个坏习惯，通过学习，他们知道了抽烟对肺部的危害、对心脏的危害、对大脑的危害，于是决定戒烟。在戒烟之前，他们做足了功课，买来戒烟书籍学习，下载帮助戒烟的APP，从网上买来一堆经过他们认真调查后觉得确实可靠的戒烟糖、戒烟贴等产品。

结果呢？所有的理论知识和戒烟产品，都在他们点燃下一支烟的那一瞬间被彻底地摧毁了——他们比谁都知道吸烟的坏处，比谁都知道戒烟的方法，但最后还是失败了。

在执行某项工作的时候，他们会花比别人更长的时间进行调研、学习，制定工作计划。在会议上，他们认识深刻，口若悬河，领导对他们报以深切的希望。

结果呢？到了执行的时候，他们行动缓慢、瞻前顾后，反倒不如那些在会议上发言时笨嘴拙舌的同事有效率，最终落下个"就会说、不会做"的坏名声。

这就是五型人格执行力缺失的真实写照。

更可怕的事情是，由于前期准备工作做得很充分，所以，这会让他们错误地认为——我已经把最重要的事情做完了，剩下的事情只要稍微付出一点努力就够了，不用着急。于是，这些人在做事时的进度是这样的：

接到任务，四个月之内要完成。

前三天：思考，规划，试着做了做，然后得出结论——事情很容易，一切都可以准备就绪，甚至可以比原计划提早完成。哦耶！

还剩三个月：时间还早，不用太着急，可以想一想怎么能把事情做到更好。哦耶！

还剩两个月：要开始行动了，虽然时间不算多，但一切还在掌握之中。哦耶！

还剩一个月：完蛋了，之前的进度太慢了，可能要非常努力才能如期完成任务。不过，好在计划充分、准备完善，所以还是可以保质保量地完成任务。哦耶！

还剩两周：完了完了，之前太过乐观了，这事做起来没有那么容易，必须要夜以继日才能勉强完成了。

还剩一周：按照原来的计划和要求已经不可能完成任务了，要么是降低标准，要么是拖延一阵子，怎么办？好纠结。

最后一晚：怎么着也要把活干完，而且心里还暗暗发誓，以后再也不这样了！

到了下一个工作周期，一切照旧，又开始新的"拖延循环"。

这就是大部分执行力缺失的五型人格的人在工作和生活中的样子，因为执行力不足，他们最终都会染上拖延症的毛病，让自己的生活进入到一次又一次的恶性循环中。

➤ "知行合一"比什么都重要

说实话，在生活和工作中，五型人格的人可能属于不那么讨人喜欢的类型。主要是因为：

首先，五型人格的人求知欲非常强，所以，在生活中他们很可能展现出超人一等的知识储量。在外人看来，他们有些冷静和不苟言笑。与他们聊天的时候，他们会不自觉地摆出一副"好为人师"的态度来，总是以一副要教育别人的态度与他人交流，当然不会受欢迎。孔子说，"人之过在于好为人师"。

其次，他们经常以理性代替感性，所以呢，他们的情商比较低，经常会说出一些显得有道理但是让人不怎么舒服的话来。

最后，之前说过，五型人格的人特别容易陷入到执行力缺失和拖延症的怪圈中。这不仅会使他们的工作效率大打折扣，也会影响他们的人际关系，尤其是那些与他们有合作关系的人肯定会想：你小子说起来一套一套的，结果在做的时候总是拖我后腿、放我鸽子，不靠谱！

那么，五型人格的人如何才能走出困境呢？或许，我们可以从中国古代先贤的理论中找到答案，那就是"知行合一"。

"知行合一"这个概念出自明代大儒王守仁之口，很多人在解释这个词语时说：它的意思就是理论要和实践结合到一起。这么解释对不对，当然对，但是不全面。

王守仁在其著作《传习录》中说："未有知而不行者。知而不行，只是未知。"这句话是说：其实，没有光懂得道理却不去行动的人，懂得道理不行动，实际上还是没领悟到正确的道理。对于五型人格中那些执行力不足的人来讲，这句话是最有道理不过了。

这部分执行力不足的人，最大的毛病就是觉得自己已经搞明白了，规划好了，万无一失了。可是，我们知道，在你真正付诸行动以前，任何道理其实都算不上真理。

你以为找到了真理，万无一失了，那只是"你以为"罢了，在真正去做的时候，你会发现之前的认识再深刻、规划再仔细，肯定还是有偏差和遗漏。

所以，五型人格的人首先要搞明白一件事——真理不在屋子里，也不在脑子里，你只有走出去实践才能找到。

你一定要学会边学习边总结，而不是总想着自己把一切都提前想好了，等做的时候按部就班就可以了。

如果你有类似的想法，你在做的时候肯定会发现实际情况与你预想的不一样，于是你就停下来，回去重新想。这是最没有效率的做法，只能让你陷入到"知"和"行"的反复中，无法真正实现知行合一。

电视剧《亮剑》里有个情节，李云龙同赵刚商量挑选优秀的战士成立一个特别小队，赵刚说："那好，这事你尽快去办！"李云龙说："不用尽快，我马上就去！"

你看，李云龙这个人做什么事都是先行动起来，然后再在行动中总结经验、适时调整，这就叫知行合一。

如果换作是五型人格的人做这件事，很可能是先回到屋子里总结出一套"特别小队选拔标准"之类的章程，这会耗费大量的时间和精力不说，还把简单的事情复杂化了，凭空增加了执行的难度。

有一位成功的女性企业家，她是我认识的朋友中最雷厉风行的领导。一次，公司邀请一位老师给中层员工讲关于新媒体运营的课程。

一般人都是先听课，听完课之后还要总结、消化、再结合公司现实才加以应用。这位女企业家在听课的过程中发现，如果老师的哪句话启发了她，她就马上结合老师讲的内容制定出一个相应的规划。

一节课听完了，女企业家已经制定出了好几个规划，通过邮箱发送到了下属手里，让他们去执行。

我问这位企业家："你这么做不怕出错吗？"

她反问我："你觉得即便我先做了规划总结，再安排任务，就不会出错了吗？还是会出错的！不是说你听了一节课懂了个什么道理，按照老师讲的去做就一定不会错，那是不可能的。你只有去做了，才能验证这个道理对不对，才能知道自己错在哪里。所以，与其战战兢兢地怕出错，不如行动起来找错。"

这位女企业家的话揭示了一个普遍的真理，那就是正确的方向不是埋头想出来的，而是在不断的推进中打磨出来的。即便是历史上那些伟大的人物，有没有一开始就把所有的事都学会了、都想好了，然后执行的时候万无一失的呢？真没有！

再聪明，再有战略眼光的人，也需要在实践中不断地吸取经验、总结教训、完善自己的行动方案。

可是，有些五型人格的人恰恰就不明白这个道理，他们总是想把所有事情都想到了、都规划好，把所有可能用得上的知识和技能都学会了才会去行动。这看起来是做事有计划，实际上是在用战术上的勤奋来掩盖自己执行力的不足。

当然，我们也必须要承认，五型人格的人在思维的全面性上、在分析问题的准确性上确实有过人之处。如果他们能在执行力上更进一步，是比一般人更容易获得成功的。这就要求他们少谈一些规划，多做一些事情。

要明白，理想谈得太多只是好高骛远，规划做得太多只是浪费时间，知识学得再多如果不能在实践中检验也只是空中楼阁——认真做好手头的事情，思考做事情的正确方式，就会比别人更能把握好未来。

最后呢，我想特别提醒各位读者的是，以上这些"建议"只是针对执行力偏弱的五型人格的人所提出来的。对大多数人来讲，在做事时不是想得太多而是太少，不是规划过度而是缺乏规划，不是知识过剩而是知识不足，如果是这样的话，恰恰应该向五型人格的人多学习一些他们的优点。

每一种人格类型都不能简单地以好坏来评判，只是当某种性格在走向了极端的时候，它才会体现出消极的一面。

因此，我们不能因为五型人格的人规划过度而形成了一些缺陷，就认为这些缺陷是"规划"本身带来的，进而觉得规划是坏事，做事情不规划最好，那就又走向了另一个极端，这同样是错误的。

这一点千万要记住。

➤ 执行力并非天赋，而是技能

五型人格的人很容易遭遇执行力不足的难题，前面也讲了一些关于为什么要有执行力、执行力和计划之间的关系等内容。其实，还有一件最重要的事情没有说到，那就是怎么才能变成一个有执行力的人？

曾经有个五型人格的人对我说："我觉得吧，执行力是一种天赋，有些人天生就很有执行力，做事情从小就雷厉风行，长大之后也会一直保持下来。而像我这样的人，就是天生缺乏执行力，别管我多么痛恨自己的这个缺点，要下多大的决心去改变都不可能成功。"

毫无疑问，他的这种认识是错误的，因为执行力并非天赋，而是可以通过后天养成的。为了让他明白这一点，我给他讲了一个发生在我身边的真实故事：

我亲戚家的孩子刘刚，十八九岁。怎么说呢，这孩子就是诸葛亮在"舌战群儒"时所痛骂的那类人：笔下虽有千言，胸中实无一策——平日里，谈起什么事来他都是伶牙俐齿、头头是道，尤其是谈起所谓的理想来更是口若悬河。

"我将来要如何如何""我先要读个什么什么专业，然后考个什么什么证书""工作之后要努力争取在 25 岁以前当个什么什么领导""30 岁之前要达到什么什么人生目标"……

可是，说归说，刘刚做起来又是另外一个样子。他喜欢看书，看的却都是闲书，因为在学校里不好好读书，所以成绩一直不理想。

刘刚父亲就说他："就你这个样子还想上大学，估计连个大专也考不上。"

刘刚马上痛心疾首地制订了一个学习计划：每天早晨6点起床，学英语，之后又学这学那。后面是什么内容我记不清了，其实我也没必要记清，因为连第一条——"早晨6点起床"，他就从来没做到过。

总之，这孩子平时总是一副嘴上说得好，但是什么正事也不干，松松垮垮、放任自流，还自命不凡的样子，谁看了都忍不住要说一声"不可救药"。

最后，刘刚父亲一气之下，对他说："从今天起，我不会再供你读书了，你只有两条路可选：要么到社会上自谋出路，要么就去当兵。"

刘刚想了想：自己还小，到社会上也干不了什么事，不如去当兵。而且，在他的规划中，自己当兵之后可以先当班长，再当排长，最后说不定还能成为什么将军之类的大人物，也是风光无限。

就这样，刘刚踏上了从军之旅，几年后从部队退伍回家。虽然他没有如愿以偿地当上排长之类的军官，但当我再见到他的时候，发现他好像变了一个人似的，以前那个松松垮垮、自命不凡的他不见了，他变成了一个非常精神、干练的小伙子。

更重要的是，他变得非常有执行力了，以前每天会睡到日上三竿，退伍之后每天早晨5点半起床，雷打不动。而且，不管办什么事情，他都是说到做到，绝不拖泥带水，绝不夸夸其谈，变化之大令人"叹为观止"。

事后，我在想：为什么部队可以让刘刚这样一个极度缺乏执行力的人大变样呢？为了搞明白这个问题，我就去问刘刚："部队里每天的生活是什么样的？"

刘刚说："就是很有规律，什么时候该干什么就必须干什么，没得商量，执行起来也不能打折扣。"

我问："如果你违反了规定，会有什么样的后果？"

刘刚瞪大眼睛说："什么样的后果？军人以服从命令为天职，决不能违反规定的，否则一定会受到教育。"

说到这里，我似乎明白了为什么部队能够如此彻底地改变一个人，那是因为部队是一个非常强调"反馈机制"的地方。

什么是反馈机制呢？就是先把做事情的后果摆在你面前，让你去承受。在部队里，你每做错一件事马上会受到教育。承担错误的后果，这意味着这个反馈机制是及时且难以逃避的。

可是，现实中人们不是这样的啊。比如，我要在十天内完成某项任务，本来每天都应该有相应的任务量，但是假如第一天我什么都没做，那么也没关系，因为没有相应的反馈机制来"惩罚"自己的失职。

因为这个反馈机制不及时，所以我很容易就浑浑噩噩地混过一天、两天、三天……直到最后一天，如果我还是没完成任务，那么，相应的"惩罚"才会到来。可这时候晚了，任务还是耽误了。

所以呢，在反馈机制及时且严厉的部队里，人很容易养成"今日事今日毕"的习惯，而这恰恰是养成执行力最重要的基础。

不过，部队里这种做错事立刻会受到教育的反馈方式，可能在平常的生活中执行起来比较难。但是，我们可以采取另外一种反馈方式来激励自己，那就是每当做完一件事，就给自己一次奖赏。

如果说以惩罚为主的反馈机制是"负反馈"的话，那么，这种以奖励为主的反馈机制就可以称为"正反馈"。关于正反馈，其实在某个领域应用得最广泛，那就是游戏行业。

不知你发现了没有，即便是在生活中最缺乏执行力的人，在打游戏时也会变成一个非常有执行力的人。

我见过不少人，平时在工作中执行力很差，经常迟到，总是完不成任务，但他一打游戏，他从来不会掉链子，任务也总能完成，执行力简直爆表。

为什么？有人说，这不是明摆着的吗？当然是因为工作无聊、游戏好玩喽。其实，这没那么简单，一个人之所以在打游戏时会体现出超强的执行力，就是因为游戏里到处都是"正反馈"。

例如，在某款游戏里，你杀死一个怪物，马上就会得到相应的奖励，这就是非常及时的正反馈。除了这种及时的反馈之外，游戏里还有许多其他可以激励你一直去执行任务的反馈。

比如，杀十个怪物可以升一级，然后你马上会获得新技能，变得更强大。再如，攒多少钱就可以购买一个什么样的道具，有了这个道具，你立刻就会获得战斗力的提升……

这些都是正反馈，正因为有了这么多及时的、立竿见影的反馈，所以，游戏里的玩家才会变得特别有执行力。

为了提高自己在生活中的执行力，我们也可以采取这种正反馈的方式来激励自己。比如，在做一件事的时候，五型人格的人可以利用自己的规划能力把这件事分成几个阶段去完成，然后可以给自己做个规定，只要完成一个阶段的任务就给自己某种奖励。

我认识的一个人，他做事有点执行力不足，爱拖延，同时也有烟瘾。为了改变自己爱拖延的习惯，顺带控烟，他就把每天要完成的任务都提前规划好，然后每完成一个任务就奖励自己一支烟；如果没完成，坚决不抽烟。

结果呢，一开始的时候他还是会拖延，而想要抽烟的时候因为任务没完成，他又非常难受，然后他就会加紧工作，把任务做完了再抽烟。

久而久之，他形成了比较良好的工作习惯，每天按照计划把每个阶段的工作做完，然后才点上一支烟慰劳自己。如此一来，他的执行力上来了，吸烟的毛病也慢慢地改掉了，心里美滋滋的。

这个方法之所以能有效地提高执行力，一方面是他利用了反馈机制，以此来奖励或惩罚自己。另一个方面，是因为在培养习惯的过程中，他将希望养成的一个新习惯嫁接到了已有的习惯之上——如此一来，做事更加事半功倍了。

这个故事或许可以给我们带来一些启发：在培养自己的执

行力之前，我们最好先想一想自己最希望得到什么，然后把它们当成是对自己完成阶段性任务的奖励，通过正反馈的方式来提高执行力。

比如，有些女性朋友喜欢逛购物网站，结果呢，每天浪费了大量的时间，耽误了工作。这时候，我们就可以把"网购"当成自己完成阶段性目标的一种奖励，每完成一项工作，奖励自己半个小时专门用来逛购物网站。

时间长了，这既能提升自己的执行力，又能控制自己逛网站的时间，可谓一举两得。

另外，在培养执行力的时候，我们还要注意一件事，那就是先从自己感兴趣的事情开始。因为，如果你觉得某项任务是自己所讨厌的，那么，你在做这件事情的时候会消耗大量的意志力来对抗自己的负面情绪。所以，一开始你可以先找一些自己喜欢的事情做，等好习惯养成了，再去做那些自己不那么喜欢的工作就更顺利了。

还有一点，就是你要珍惜自己养成的每一个好习惯，不要轻易去改变。

实话说，这很难。好习惯维持一天容易，维持一个月也容易，如果没什么特殊情况，维持一年也不难。但怕的是，总有些时候人会放松警惕，觉得"今天我放纵一下自己没关系"，而这种想法可能就是好习惯"崩盘"的开始。

在体育界，我最钦佩的球员是国际米兰的前队长哈维尔·萨内蒂——不怎么关注足球的人可能知道梅西、C罗，对哈维尔·萨内蒂并不那么了解。那么，他身上有什么闪光点让我钦佩呢？那就是他对于习惯的忠诚。

哈维尔·萨内蒂有个习惯，每天早上要跑步3公里，从17岁开始职业生涯以来直到41岁退役，他从来没有间断过。就连结婚那天，他也是早早起床，先跑完步后才去迎接新娘的。

这是多么可怕的执行力！

尤其五型人格的人，就是需要这样一种坚持精神——在做事时，不要多想这件事情有什么意义，今天做这件事情是否是最好的时机之类的问题，先别去管它，而是要保持住自己的这一份坚持，这样，很多事情都会迎刃而解。

➤ 你所认识的理智型人格

五型人格的人，他们喜欢思考、追求知识，想要全面了解这个让他们充满疑惑的世界。在他们的眼里，有了知识才不会焦虑，计划得当才敢行动。对他们来讲，向别人展示自己的知识是一件非常令人愉快的事情，而成为一个渊博的人是他们的奋斗目标。

但是，五型人格的人可能会走向一个极端，那就是勤于思考、学习，擅长清谈和规划，却没有与之匹配的行动力。在这方面，赵括可能是一个代表性人物。

赵括是战国时期的赵国人，从小就学习兵法，喜欢谈论战略，自以为天下人没有能比得上他的。

赵括的父亲赵奢是赵国的一位名将，有一次他跟赵括谈战阵布设之道，结果久经沙场的赵奢竟然也没能辩倒赵括。这起码说明了一个问题，那就是赵括确实非常善于学习，他的理论基础也足够深厚。

由于喜欢到处与人讨论兵法，又总能在讨论中发表一些听起来正确无比的观点，所以，赵括"深知兵法"的名声逐渐传扬了开来。在长平之战中，赵孝成王急于求胜，任命赵括代替老将廉颇担任大将军，带兵与秦国开战。

要说"知子莫若母"，这句话一点都不错。在赵括出征前，他的母亲找到赵王，说："你让我的儿子当大将军，一定会惨败的。"

赵王问为什么，赵括母亲说："赵括的父亲当大将军的时候，与下面的人关系很好。但是，自从赵括当上了将军，下面的军吏没有一个人敢抬起头看他，所以，他一点都不像他的父亲。"

赵括母亲所说的这番话，恰恰也揭示了五型人格的另一个特点，那就是他们虽然自命不凡，但往往处理不好与身边人的关系。

赵王没有听从赵括母亲的话，依旧执意让赵括领兵。结果呢，赵括在出征前自以为是地制订了一套作战方案，把之前廉颇老将军的作战计划全部推翻了。到了战场上，他按照自己的方案与秦军作战，却发现根本不灵验。

赵军大败，几十万大军被杀。一年之后，赵国几乎灭亡。因此，赵括也在历史上留下了一个"纸上谈兵"的评价。

回过头来看，赵括难道连一个优点都没有吗？那肯定不是，因为，从来没有上过战场的他能得到国君的器重，把几十万军队交给他，肯定是他在学习这方面有过人的天赋。

这也是五型人格的人的特点，他们求知欲强，学习能力强，喜欢运用自己的智慧和理论去驾驭他人。

但是，赵王和赵括都忽视了一个道理，那就是学来的知识如果没有经过实践的检验，就永远算不上真理——只有在不断地实践中去印证理论，才能把书本知识变成切实可行的宝贵经验。

另外，五型人格精于规划而拙于行动的特点，也在赵括身上表现得非常充分。在出征前，赵括就做好了一整套行动方案。但到了战场上，他的这套方案却没起到什么作用，面临突发状况，他也缺少应变的能力和执行力，这是导致悲剧发生的又一个主要原因。

所以，五型人格的人要避免成为纸上谈兵的"赵括"，不要认为仅仅通过规划和学习就可以把事情做好，更要通过实践去验证自己所获得的知识，去积累书本上学习不到的知识。

而且，五型人格的人还要注意自己在社交活动中的形象，切不可因为自己在知识积累上有一定的优势就产生自负心理，处处"好为人师"。

第六个人

像鹿一样活着

因为敏感，六型人格的人是极度谨慎的，他们以踏实、肯干的形象出现在众人面前，希望以此给自己带来安全感。

6 怀疑型人格色彩——灰色

六型人格——怀疑型人格，代表颜色是灰色。怀疑型人格的人之所以是灰色，是因为在他们的人生中，天空总是笼罩着一层灰雾，或者烟雨蒙蒙。

这样，他们总是充满怀疑，焦虑着、不安着。他们对环境极度敏感，导致眼神时刻环顾着环境中的细微变化，给人一种总在猜测和怀疑并在内心进行盘算的感觉。而在进入新环境之后，他们局促不安的动作会更加明显。

因为敏感，六型人格的人是极度谨慎的，他们以踏实、肯干的形象出现在众人面前，希望以此给自己带来安全感。可是，也因为他们的极度谨慎，所以在表达自己的时候，他们总是喜欢绕弯子，通过做大量的铺垫来强调自己的"理"，最后让对方通过这些"理"明晓自己内心想要表达的信息。

因此，六型人格的人一定要善于发扬自己踏实、肯干的优点，同时尽量克服自己不必要的疑心——没必要觉得整个世界都在与你为敌。

➤ 生而孤独

有些人生来就是孤独的。

他们希望得到爱，却怀疑爱的动机；他们渴望融入集体，却在犹豫不决地估量着社交关系中的危机；就连释放善意的时候，他们也会担心自己能否被对方所接受。

这是孤独者内心的纠结。

在外人看来，他们就好像鹿一样，总是小心翼翼，但不晓得他们在害怕什么，当试探着靠近他们时，稍有风吹草动他们便惊慌躲闪。这也是六型人格最显著的特征。

其实，每个人或多或少都有一些六型人格的影子。比如说，我们进入到了一部拥挤的电梯里，这时候我们会感到不舒服，想赶紧逃离。而且，身体的靠近会让我们对"人际互动"变得非常敏感，往往表现出"防御性强"和"沟通消极"的状态来。

不信你去观察一下，乘坐电梯的人动作非常一致：男性多是叉手而立，女性则抱手于胸前，大家要么眼睛朝着斜上方 45 度角凝视，要么干脆处于失神状态。这些身体语言都是在说："我很警惕你，你不要跟我说话，离我远一点。"

那么，我们为什么害怕与他人"近距离接触"呢？

这是因为，我们的心里存在着一个安全距离。对普通人来讲，以自己为圆心，半径为 0.6 ～ 1.2 米的这个距离就是心理安全距离。任何闯入到这个距离的陌生人，都会给我们造成心理上的不适感，具体来说就是产生警觉、收敛行为或思绪，将很大一部分注意力集中到"入侵者"身上。

现在，在社会道德和法律的双重约束下，我们面对的"未知危险"比较有限，但是在原始社会里，我们的祖先经常要面对来自外界的威胁，所以对他们来讲，框定安全距离是很有必要的，因为任何其他部落的人或是有威胁的动物进入到安全距离之内都意味着挑战，他们势必会引起警觉。

这种"思维"一代代传了下来，成了人的一种自然反应。

可问题在于，每个人对安全距离的定义是不同的。对某些人来讲，距离要更长一些才会感到安全，而当距离长到他人根本无法碰触到的地步时，那就是孤独。

第一次见刘星，是在我的办公室。

他敲门，我说："请进！"然后，一个怯生生的大男孩出现在了门口。

虽然我已经说了请进，但是刘星推开门后并没有径直走进来——他站在门线后，仿佛那里有一道无形的屏障一般。

刘星看着我，说："您好，我已经提前约好了。"

我点点头说："我知道，你先进来坐。"

刘星这才走了进来。他非常迅速地打量了一下周遭的环境，然后坐在了沙发的末端。我指着办公桌前面的一把椅子，说：

"你坐到这儿来，咱们好沟通。"

刘星很顺从地坐了过来，但是，我可以明显地感觉到他有些手足无措，眼睛不知道该往哪儿看。

我笑着问他："你是不是总是这么拘束？"

刘星说："不是的，我在家的时候很放松，与认识的人在一起时也很放松——只有到了陌生的环境或者与陌生人打交道的时候，我才会感觉到拘束。"

我说："这很正常，大部分人都是这样——不过，你的程度看起来有些严重。"

刘星说："是的，如果我不得不跟陌生人打交道的话，我的脑子会变得非常迟钝，心跳得很厉害。"

我又看了他一眼，说："但是，现在你表现得很有逻辑，思维也很清楚，完全不像你说的那样！"

刘星说："来之前，我已经想好了一些要说的话，到目前为止，我说的每一句话都是之前想好的。"

这是六型人格的又一个特点，他们考虑事情的时候非常周全，常常会想：可能会发生什么？如何应对？

这是个好习惯，我认为每个人都该有这样的习惯，未雨绸缪嘛。但问题在于，如果事情的发展超过了六型人格的人的"预想"，他们马上会变得紧张起来，这就会影响他们的临场发挥。

人就是这样，那些大大咧咧、凡事都不善于做规划的人，往往会有"急智"，特别善于临场发挥以弥补规划的不足。相反，事事、时时谨慎的人，往往谋划有余而应变不足。二者兼具的人并不太多，那样的人也就是我们所说的"人杰"。

为了让刘星能尽快地放松下来，我决定先做个倾听者，让他提前把想好的那些话都说出来，以免把话题引到出乎他意料的地方，让他感到不舒服。所以，我说："那你就把你想说的话一次性都说出来吧，我听着就好了。"

刘星顿了顿，开始讲述他的故事："我是个孤独的人。这不是说我身边没有亲人、没有朋友，其实，我的交际圈子还算稳定，但在大多时候，我在人际关系中处在非常被动的位置。

"比如，周末的时候我也会跟朋友出去玩，但一般都是大家一起商量好了周末要干什么，然后突然才想起来——不如把刘星也叫上。我没有主动组织过什么活动，一次都没有。

"在与亲人、朋友相处的过程中，我也能感受到那种和谐的人际关系带来的愉悦。但是，当我回到家一个人独处的时候，我会感觉似乎所有喧嚣的聚会都没有意义，玩完了、闹完了，还剩下什么呢？什么也没剩下。

"当我有心事想要找个人倾诉的时候，打开 QQ、微信、电话簿，就会觉得那一个一个的名字很陌生，我不知道该找谁。我会想，大家都有各自的生活，我害怕打扰到他们，更害怕被拒绝。

"所以，我与周围人的关系越来越远。我越来越觉得，如果不是血缘关系、亲戚关系或者工作关系的维持，没有人会在意我，更没有人愿意接近我。正因为这种想法，所以我又认为他人与我交往的时候其实都带着某种目的性，这让我有种很失落的感觉。"

刘星说完这番话，顿了顿，而我正在想怎么接茬儿的时候，他以为我有点"心不在焉"，所以稍微提高了一点点音量提醒我："蔡老师，我说完了。"

我赶紧点头，说："我知道，我在听。"

刘星是典型的六型人格的人，虽然他讲的这番话里实例很少，大多数是内心独白，但是我们可以从中听得出：刘星对这个世界有一种格外的不安全感，他事事都步步为营，时时担心不安全，防范被人利用和陷害。

比如，在见我之前，他就准备好了一大段话，这就是步步为营。比如，他认为身边的人总是对他"有所图"，这就是在防范被人利用和陷害，担心不安全。

这都是六型人格的特质，他们总是会夸大风险，总是在想："我如何才能避免风险？"所以，他们有些敏感，对这个世界多了一分警惕。

而他们之所以会有此反应，与他们成长的环境有很大的关系。

六型人格的人，父母多半情商高，在家里很有权威。这样的父母在家里是绝对的掌控者，一方面掌握着孩子的心理动态，孩子内心的任何征兆都逃不过他们的"法眼"；另一方面，他们掌握着孩子的奖惩，"顺之者赏，逆之者罚。"

在这样的环境中，孩子的内心没有秘密，只能通过自己的"表现"来赢得父母的好感。久而久之，他们会特别害怕自己的内心被别人看到，也就养成了通过取悦他人来获得奖励的习惯。

因此，他们变得小心谨慎，内心缺乏安全感，总是感觉自己如同被扒光衣服扔到大街上了一样，他们因此而害怕生命中来来往往的"看客"，并随之陷入了孤独的状态。而解决这个问题的要点在于，要让他们明白两件事：

第一，你是安全的，你的心思没那么容易暴露在别人审视的眼光里；

第二，即便你是个藏不住内心感受的人，实际上没有多少人会去留意你，你没有想象中的那么引人关注。

对一般人来讲，第二点可能是个"坏消息"，但是，对刘星这样的人而言，这恰恰是让他们感到舒服、解放自己的福音。

▶ 实际上，你没那么重要

"人们对我会有什么看法？"这是每个人都会思考的问题，也是自省的一部分。但是，如果自省过了，那就有点麻烦了。

我有一个朋友，他特别害怕去大超市，尤其是人多拥挤的大超市，进到里面后他会出现一系列的生理反应——面红耳赤，手足无措。

我问他原因，他说："我总觉得自己的衣着太土，而且，我一进去就紧张，一紧张就不知道自己要干什么，于是更加窘迫起来。"

我告诉他："首先，你的衣着土不土，别人根本不在意。大家去超市是购物的，你穿一身巴黎时装也好，还是一身上面打满补丁的脏衣服也好，都没人会怎样看待你。

"其次，不管你紧张还是不紧张，别人都不在乎你，没人关心你的情绪。说句不好听的话，即便你在超市里紧张得尿了裤子，也不会有人多看你几眼，因为，当今时代大家都很忙，谁都没空搭理你。"

我狠狠地"打击"了他，但是他很高兴，因为他想开了。从那之后，他去超市的时候从容多了。

是的，这个世界存在这么三种人：

一种是千方百计求关注的，人越多越爱表现自己，俗称"人来疯"。

一种是表现欲有些低下的，他们在公众场合会尽量"隐藏"自己，喜欢往角落里钻。

还有一种人，就是表现欲低下但是觉得所有人都在关注自己的。我那个朋友是这样的人，刘星也是这样的人。

第一种人和第二种人都能在各种场合找到自己的位置，可是第三种人就有点尴尬了，他们在公共场合往往会陷入到窘迫的幻想中无法自拔。解决这一问题最好的方式，就是要让他们认识到——自己的关注度没那么高。

有人曾经做过一个实验，让三组被试者都去做一个三分钟的演讲。

第一组，在演讲前不对他们说任何话。

第二组，在演讲前告诉他们："你要尽量放松，不要在意别人的看法。"

第三组，在演讲前告诉他们："研究证明，你的焦虑其实没多少人能感觉到，所以，即便你觉得自己做得不够好，他人也看不出你的失误。"

最后的结果是，无论是演讲者还是听众的评价，都觉得第三组表现得更好。

作家冯唐说，如果能做到这三点，可以免于得癌症：不着急、不害怕、不要脸。

前两点很好理解，可"不要脸"是什么意思呢？有些人心里可能会不解：从小到大我们受到的教育都是要努力争气，给自己长脸，为什么冯唐说做人应该"不要脸"呢？这岂不是很矛盾？

其实，这里所说的"不要脸"，指的是不要太把自己当回事，不要太在意别人的看法。这一点说起来容易做起来难，包括我也是这样。

　　我来自小城市，大学毕业后的头几年里在各大城市之间奔波，交通工具主要是火车、汽车。有一次，我要去一个远方的城市出差，而且当时事情很急，所以必须要乘坐飞机才行。

　　我从来没坐过飞机，那是头一次。从走进机场的那一刻，我就感觉不自在，好像有点不知所措。于是，我竭尽全力使出浑身解数假装自己是"老司机"——值机、托运行李、过安检、登机……每一个环节，我都在认真观察别人在怎么做，一定要确定自己完全掌握了每一个细节才会付诸行动。

　　虽然我已经模仿得很像了，登上飞机坐到自己的座位上之后，我感觉所有人都在关注着自己，似乎听见别人在说："这小子是第一次坐飞机，你看他那手足无措的样子！"

　　当时，我的脑子乱得很，所以也没注意到空姐要求所有乘客收起小桌板，调直座椅靠背。等到飞机快要起飞的时候，空姐走到我的面前，对我说："先生，请您调直座椅靠背。"

　　不知道为什么，当时我似乎紧张过度，竟然愣住了。空姐见状，很有礼貌地伸手帮我调直靠背，然后微笑着说："打搅您了。"

　　自始至终我没说一句话，事后，我更有一种"秘密被所有人识破了"的窘迫感，再加上经济舱里人与人的距离实在太近，所以，整个航程中我都感觉坐立难安。

　　之后回忆起这件事来，我才意识到当时自己之所以那么紧张，就是因为内心害怕"自己是个穷小子，以前从来没坐过飞机"这件事被所有人识破。但是，事后我又想：谁会注意到我呢？谁会关心我的身份呢？再说了，即便是第一次坐飞机，又有什么好掩饰的呢？

经过这件事，我开始意识到，人不能太把自己当回事，只要心安理得，面子没那么容易掉。相反，处处想维护自己所谓的尊严，把脸面捧得太高，反而容易让自己进退失据，最后丢了脸面。

孔子说："知之为知之，不知为不知，是知也。"这句话说得太对了，我是什么样就是什么样，别人怎么看我是他的事，没必要为了别人的看法而不懂装懂，这才是成熟的人应该有的智慧——"是知也"。

说了这么多，话题再回到刘星身上，就可以明白他为什么孤独了，为什么对集体生活没兴趣了——因为他太在乎别人的看法。

没有准备好的话他不敢说，是因为害怕说错话别人会不高兴；不愿意主动联系朋友，看起来是害怕打搅别人的生活，实际上是害怕别人认为他"不合时宜"。

他小心翼翼地生活，想处处留给他人一个好印象，如此一来，人际关系成了一种需要时刻小心对待的负担，这样的话，怎么可能不孤独呢？而让他走出孤独的办法，就是粉碎他心里那个"我必须要给所有人都留下好印象"的妄想。

所以，我对刘星说："这样吧，你给我一个剥夺你生活自主权的权利，就一天。"

刘星很疑惑，问："您什么意思？"

我说："意思就是说，在那一天里，你要放下自己一贯以来养成的生活习惯，按照我的指示去做。"

刘星再度变得警惕起来，问："您说什么，我就必须做什么，是这样吗？"

我点点头说："是的。不过，你放心，我让你做的事很容易、很简单，也不会对你造成任何伤害，只是可能会让你有点难以适应。"

刘星犹犹豫豫地说："那明天好吗？不过，我还是希望现在就知道您会让我做什么？"

我说："很简单，现在我就把明天你要做的事情告诉你。第一件事，早上起床之后，不要洗漱就穿着睡衣到超市里去买一些食材回家，要够五个人——不，六七个人吃的。第二件事，给你的朋友打电话，邀请他们来你家做客。如果他们说临时有事，你就强烈地再次邀请，最少必须邀请到五个人。第三件事，做饭，做足够六七个人吃的饭。"

刘星说："我不会做饭，就是要做的话也一定很难吃。"

我说："没关系，只要尽你的努力做熟了就 OK。这就是我要你做的事，有问题吗？"

刘星问："就这些吗？这么做有什么意义？"

我说："就这些。你先不要问有什么意义，做完了，你就知道有什么意义了。"

刘星点点头，说："好吧。"

离开舒适区，就是要找别扭

两天后，刘星再次找到了我。

看得出，刘星有一肚子的话想说，所以，当我问"那天过得怎么样"他的话匣子就打开了："那天，我就按您说的做了。早上起来，头不梳，脸不洗，我穿着睡衣就去买菜，别提那个不自在了。知道吗？像我这样的人，如果在公共场合感觉到被人像看猴戏一样的注视着，浑身都会刺挠，不是心理作用，是真的刺挠。"

我说："这是皮下毛细血管扩张、毛孔舒张后的反应，证明当时你非常紧张。"

刘星点点头说："是的，一开始就是这样的感觉。但是，到最后我反而不那么紧张了，因为我发现，即便我是这么一副衰样子，人家也根本不会关注我。

"我就在超市里观察形形色色的人，发现真是什么样的人都有：衣冠楚楚的有，穿得要多随便有多随便的人也有。精神抖擞、利利索索的人有，笨手笨脚、忙忙碌碌的人也有。可是，大家都在各忙各的事情，谁也不会注意谁。这年头，大家都这么忙，谁能'看见'谁啊！"

我面露微笑地说："是的，谁也不是中心，谁都有释放自己的权利。"

刘星接着说："买完菜，回家之后我就开始给朋友打电话。说实在的，这也是我最愁的一件事——我也没有提前预约，就这么冒冒失失地邀请人家，是不是很没礼貌？"

我问："结果呢？"

刘星说："我心想，您安排的事我得干，都说好了的。我就硬着头皮挨个打电话，有几个朋友接到电话马上就同意了，有几个朋友说有事来不了。我就按照您说的坚持让他们过来，最后，他们拗不过也就同意了。

"放下电话之后，我还是觉得这不是强人所难吗，人家即便来了，也不会开心。当时，我还想，您让我这么做的目的究竟是什么？结果我发现，不管是马上就同意来的，还是被我硬揪过来的朋友，只要是来了的人都表现得挺高兴的。这是我第一次组织大家在一起玩，那感觉还挺不错的。"

我又问："你做的菜怎么样？"

刘星笑道："别提了，朋友来了后我开始做菜，结果第一道菜就做砸了。有个朋友过来尝了一口，说：'你把我们叫过来是不是想'毒'死我们啊！'当时我很囧，结果所有的朋友都过来了，先是大家围在一起品尝我做的"黑暗料理"，接着就是各种嘲笑我。

"当时，我真的有点不好意思，但是说笑完了之后，大家会做菜的开始做菜，不会做菜的就打下手。那天还真吃得很开心。"

然后，刘星似乎是在总结："通过这件事情，我想明白了**两个道理**：第一，你是什么样的人，别人不会在乎，所以做自己就好了。第二，即便有时候你做得不那么周全，身边的人也不会因此而对你有什么看法。其实，很多时候，一个总是小心翼翼、想万事周全的人，不见得招人喜欢，有些小错误，有些小毛病，反而能拉近与别人之间的距离。"

然后，刘星看着我，问道："我说得对吗？这是不是您想告诉我的道理？"

我点了点头。

有时候，道理其实很简单，不过，再简单的道理从嘴里说出来也显得没什么说服力——让一个人自己去感受道理，去体会相通的情景，他自然而然就悟到了。

我之所以要"借"刘星一天的时间，就是希望可以通过我的"控制"，去帮助他走出自己的心理舒适区，去体验不同的生活方式和思维模式。体验到了，他就会做对比，就会反思，就会有所感悟。

眼下来看，效果还不错。

所以，我对刘星说："人的观念会决定行动，而观念又会在行动中不断地强化。所以，有时候我们形成了某种观念，这种观念指引着我们行动，而行动又使得观念变得更加牢固，其实这是一个潜移默化的循环。

"因此，想要走出观念的领地，首先要从行动做起，希望前天的行动可以让你'别人的看法至高无上'这个观念发生一些改变。我相信，你已经尝到了改变观念后的甜头，以后一定会不断地去实践自己的新观念。"

刘星显得挺高兴，说："您说得有点太书面化了，我没完全听明白，不过，我知道您是想告诉我不要太在意别人的看法，要做最好的自己。"

我点点头说："大体上就是这个意思。"那天，刘星跟我聊了很多，他整个人的状态看起来要松弛多了。

当然，仅仅一天的生活体验对一个人的真实影响很有限，但通过这一天的体验，给刘星打开了一扇通向另一种可能的大门，让他意识到：自己从前所惧怕的、所抵触的生活，其实没那么可怕，甚至还可以说挺有趣的。

他离开了自己的一个舒适区，在陌生的地带找到了另外一个舒适区，这意味着新的可能性诞生了，至于以后的路怎么走，相信他自己可以找到答案。

我们总是在说"舒适区"这三个字，那么，舒适区到底是什么呢？

简单来说，舒适区就是一口井，而我们就是井底之蛙。青蛙习惯了井底的生活，觉得那里安全又舒服，所以，即便抬起头来只能看见井口大的一片天，它也不愿意出去。

可是，井底毕竟狭小又不见天日，青蛙可能也觉得不舒服，这时候，最好的办法是什么呢？就是跳出这口井。但是，青蛙又害怕外面的世界充满危险和不确定性，所以，即便它对现状不满也不会轻易出去。

如果有一天一个人将这只青蛙从井底捞了上来，给它扔到了池塘里，它看见了更宽阔的水面、更广阔的天空，这时候，它才会意识到：原来井底并非唯一的生存环境，甚至也不是最好的环境。这时候，它就会进入到一个新的境界中。

这就是离开舒适区的意义。

其实，刘星的出现让我想起了另一个人，就是之前我所说的L女士。这两个人的问题，从表象上来看其实很相似，就是他们特别容易被外界的看法"绑架"。

不同的是，L总是充满自信，并试图通过自己的优异表现处处让别人对自己另眼相看——她希望自己可以以完美的形象活在聚光灯的照射下。

而刘星，则是一个担心自己被聚光灯照到的人，他是如此的不自信，深怕自己被聚光灯照到之后，身上的缺点都被放大、被审视。正因如此，六型人格又被称为"怀疑型人格"。

其实，每种人格都不能简单地以好、坏来评价，这也是我一再强调的。就拿六型人格的人来讲，他们敏感、怀疑、充满不安全感，这些特征会使得他们可能更容易陷入孤独和闭塞的状态中。但在所有类型中，他们是最忠诚的一类人。

这是因为，他们常常会感到不安全，所以当融入到让自己感到自在的环境里，他们会特别珍惜当下，因而绝对忠诚。

所以，如果你的身边有六型人格的朋友，请你学会去了解他们的不安，珍惜他们的存在。

➤ 你所认识的怀疑型人格

在六型人格的人的认知中，世界充满了危险，所以他们必须要步步为营，防范被人利用和陷害。

这类人最关心的事是如何才能避免危机，化解风险。他们积极地想象着可能出现的危险，有时候甚至会放大危险的可怕程度。也正因如此，他们觉得只有脚踏实地地做事，自己才能最大程度地避免危险。

六型人格的人中，比较典型的人物可能就是华为的掌舵者任正非了。

六型人格的人，优点在于他们能够脚踏实地地做事，这一点在任正非身上表现得淋漓尽致，但凡对他稍有了解的人都知道。他们的缺点在于不安全感带来的焦虑，以及过度的危机意识。

关注华为的人都知道，它可以说是全世界最有危机意识的企业了。当年，在北京召开的全国科技大会上，任正非对在场的嘉宾们说："华为已感到前途茫茫，找不到方向。华为已前进在迷航中。"

要知道，任正非说这番话的时候，华为正处在发展的巅峰状态。2012 年，华为成为世界上最大的通信设备生产商。2014 年，华为的国际专利申请件数位居全球第一。2016 年，"世界 500 强"榜单中，华为名列中国民营公司第一，可以说是行业巨头。

但即便这样，任正非似乎也觉得危险就在眼前，必须小心应对。

事实上，太多的案例证明，任正非属于一个小心翼翼的怀疑论者。例如，他从来不愿跟媒体打交道，原因就是他害怕在媒体面前"有所闪失"。

再如，任正非曾写下一篇文章《一江春水向东流》，其中透露道："我感觉无力控制这个公司。有半年时间都是噩梦，梦醒时常常哭。我的身体就是那时累垮的，身体有多项疾病，动过两次癌症手术。"

这些都证明，任正非时刻在想着危机会在什么时候、以什么样的形式出现，很多时候，他甚至会夸大危机的严重程度。

当然，对一名企业家来讲，这不是坏事。但是，对一个人来说，过分的担忧、焦虑有一定的负面作用，任正非自己所说的"我的身体就是那时累垮的，身体有多项疾病"或许就证明了这一点。

六型人格的人还有一个最大的特点，就是一般不愿轻信别人，任正非也恰恰是这样一个人。华为直到现在还没有上市，原因就是：任正非认为，华为要是上市了，那些拥有较多股权的大股东会影响到公司的发展。

对员工，任正非可能也比较缺乏信任。华为实行"末位淘汰"制度，淘汰率达到10%，之所以会有这样的制度，可能是因为任正非对员工的能力有所怀疑，才会用如此严厉的手段淘汰不合格的员工。

这样的行为当然给华为带来了极强的竞争力，但也造成过一些难题：华为的人事竞争太过激烈，变动太过频繁，让许多有心加入华为的能人不敢轻易试水。这或许是任正非过度谨慎、过度害怕犯错所带来的负面影响吧。

还有一位历史名人是典型的六型人格，他就是曹操。

六型人格的人，长处在于踏实，步步为营，想得周到。我们来看曹操的"创业史"，他从一个小官成长为一方诸侯，靠的就是步步为营的算计和脚踏实地的行事方法。

当时，曹操在都城当"公安局长"的时候，他每天带着人上街查岗、维护治安，很好地完成了一个小官的责任。后来，他当上了一方霸主，依然延续了这种从小事着手、步步为营的性格。

看过《三国演义》的朋友都知道，曹操做事往往规划得非常细致，几乎什么事都能考虑到。当然，曹操规划得再细致，也架不住"智多而近妖"的诸葛亮更加深谋远虑。

可是，我们反过来想一想，如果不是曹操凡事都考虑得周全，凡事都做最坏的打算，魏国怎么可能一步步成为实力最强大的割据政权？

六型人格的人的缺点在于多疑，他们常会提防被别人陷害和利用，所以常与人保持着一种安全距离。这一点在曹操身上同样体现得很明显。

在《三国演义》中，他因为害怕华佗杀害他而不愿意做手术，最后还杀了华佗，所以始终被疾病所困扰。他害怕身边的侍卫害自己，自导自演了一场"梦中杀人"的悲剧。这些事情都体现出了他多疑的性格。

所以说，六型人格的人要尽量发扬优点，克服缺点，否则，不管你有多大的成就，到头来恐怕也会成为孤家寡人，陷入到深深的孤独之中。

第七个人

一米天使，一寸魔鬼

　　七型人格的人面部表情非常丰富，他们从不掩饰自己的喜怒哀乐，并且他们快乐的表情远远多过悲伤的表情。他们的身体动作也很丰富，说到尽兴处往往喜笑颜开、手舞足蹈。

7 活跃型人格色彩——橙色

七型人格——活跃型人格的代表色彩是橙色。这是一种比红色更跳脱、比黄色更热情的颜色，完美地体现了七型人格的特点。

七型人格的人面部表情非常丰富，他们从不掩饰自己的喜怒哀乐，并且他们快乐的表情远远多过悲伤的表情。他们的身体动作也很丰富，说到尽兴处往往喜笑颜开、手舞足蹈。

他们是最好的玩伴，因为在寻求快乐这件事上，他们总有取之不竭的灵感。但是，他们的内心也存在着脆弱的一面，因为他们的情绪并不是非常稳定，尤其是当他们遍寻不见快乐时，就会给周围的人一种颓废、沮丧的形象。

所以，他们是天使，也是魔鬼。如果对方以魔鬼的形象出现在你面前，先不要急着批判他，因为假如你认识过去的他，说不定就会原谅现在的他。如果他以天使的模样出现，请给他报以掌声，因为你很难想象他是如何走出放纵和低迷的生活，以乐观的心态去重新拥抱世界的。

➤ 一米之外是天使，一寸之内是魔鬼

我们是为意义而活还是为快乐而活，这是个问题。

或许，对于某些走入极端的七型人格的人来讲，这个问题很简单，他们会说："快乐本身就是生活的意义，所以，归根结底，我们还是为快乐而活。"

这听起来很有道理，但也很危险，尤其是对七型人格的人来说，更是如此。

七型人格的人会认为这个世界充满了刺激的事物和体验，而人最大的快乐就是追求这些刺激和体验，他们的生活目标就是新鲜、好玩，注意力的焦点也会放到"我如何才能寻求快乐"上。

所以，如果你的身边有七型人格的朋友，绝对会给你带来无穷的乐趣，他们笑容亲切，精力充沛，神采飞扬，而且由于他们几乎时刻都在追求快乐，所以你不用担心他们身上的负能量会波及到你——他们带给你的往往是新鲜和刺激。

而且，由于七型人格的人不注重结果，更重视过程——他们总是把经历看得比成功更重要。他们对于生活总是充满激情，再加上他们头脑灵活，又勇于尝试，富有冒险精神，所以会很有趣。

如果你在工作中恰巧遇到了这样一个搭档，那么，你会发现，他会在工作中带给你新的模式和想法，帮你打开一扇新的大门。

但是，我不得不又要说"但是"——七型人格的人虽然有这么多的优点，那也让他们成为上佳的玩伴和合作伙伴，但是，如果他们成了你身边最亲密的人时，你就会发现，他们身上的某些缺点也是你难以容忍的。

一个姑娘与一个七型人格的小伙子相遇了。起初，姑娘被小伙子身上的热情、快乐和感染力所打动，两人很快陷入了爱河。

在恋爱的过程中，小伙子表现得极度浪漫，他带着姑娘参加聚会、旅行，甚至一起去做一些姑娘之前想象不到的探险活动。这一切都让姑娘觉得，只要有他在身边，生活便永远充满了激情和意想不到的惊喜，于是她决定与他长相厮守。

接着，两个人结婚了。

这时候，小伙子身上的某些负面特质才开始逐渐显现出来：他总是在追寻所谓的刺激，甚至到了放任自己的地步；他不能容忍平凡的生活，总是在我行我素，只要是决定了的事情，哪怕再疯狂、再不切实际，自己也要去达成，而很少考虑会付出什么代价；他讨厌无聊，喜欢尽可能地忙碌，朋友很多，活动很多，因此经常会冷落家人；他只关心自己内心的感受，经常忽视身边人的想法……

这就是不加克制的七型人格的人最终展示在你面前的样子，你离他一米时，他是快乐的天使；你离他一寸的时候，你会发现他就像一个为所欲为的魔鬼一样，为了所谓的刺激会不断地燃烧自己和身边的人。

当然，这并不是说每一个七型人格的人最终都会变成这样，而是说具有七型人格特质的人，由于他们将大部分精力都用于追求刺激了，所以极可能会导致人生的失控。

所以，在我看来，七型人格的人其实最容易走向两个极端——如果他们能控制自己的人生，那么，他们会变成很有趣、很精彩的一类人；如果不能控制，他们就会因为过度追求刺激而陷入到迷惘的生活中。

关键就在于控制，如果你是一个七型人格的人，一方面，你要保持自己对生活的激情，对未知事物的好奇，因为这正是你非凡成就和人格魅力的源泉；另一方面，你要学会控制，给自己设置一条底线，培养自己的"退出意识"。

那么，什么是"退出意识"呢？简而言之，就是在意识到事情超出了自己的控制范围时，能够及时退出，置身事外，去冷静地思考接下来应该怎么做。

对一般人来讲，那就是当事情朝着不好的方向发展时，你要学会止损。但是，对七型人格的人来讲，退出意识还有另外一种含义，那就是当事情变得越来越有趣、越来越刺激的时候，你也要学会先冷静下来，看看自己是否应该继续下去。

美国船王哈利曾经对儿子小哈利说："等你到了 23 岁，我就将所有的事业都交给你。"

小哈利 23 岁生日到了的时候，老哈利兑现诺言的时候也到了，但是，他害怕小哈利无法执掌偌大一份家业，所以想要先考验一下儿子。于是，老哈利将小哈利带进了赌场，给了他 2000 美元并叮嘱道："无论如何也不能把钱输光，这是你的底线。"

小哈利当时连连点头，拍着胸脯说："放心吧爸爸，我一定不会输光的，说不定还能赚上一笔呢。"然而，在赌场里，年轻的小哈利很快赌红了眼，把父亲的叮嘱忘得一干二净，最后把钱输了个干干净净。

老哈利什么也没说，他又给了小哈利 2000 美元，说："你继续去赌钱吧，但还是那个原则，不能都输光。"

可是，在赌桌上小哈利已经"身不由己"了，很快输到只剩下 1000 美元。

这时候，小哈利想着如果再输一把就立刻走人，可偏偏这一把他手里的牌面很好，于是他想：或许，这一次他可以把以前输的钱全都赢回来。他觉得自己牌好必胜，于是不断地下注，直到把所有的钱都投到了赌桌上。结果，别人的牌面更好，小哈利再次输了个精光。

再次输光之后，小哈利垂头丧气地对老哈利说："我再也不想进赌场了，因为我的性格不适合那个地方，在那里我注定是个输家。"

谁知老哈利却不这么认为，他坚持要小哈利再进赌场，并对小哈利说："赌场是这个世界上博弈最激烈、最无情、最残酷的地方，人生就像是赌场，你只能面对。"

于是，小哈利第三次走进了赌场。经过前两次的教训，他坚守了自己的底线，当钱输到一半时，他毅然决然地走出了赌场。虽然他还是输掉了一半，却十分高兴，因为他觉得自己战胜了自己。

回去之后，小哈利把发生的事告诉了老哈利，谁知老哈利不置可否，说："现在你只不过是通过了'输'的考验，接下来，你要经受'赢'的考验。"

之后，小哈利又去了赌场。或许是他的坏运气到了头，或许是他通过一段时间的学习掌握了一些赌博技巧，这一次他很快就赢了一大笔钱。但与此同时，赢钱的刺激也让他忘乎所以，他越赢越想赢，越赢胆子越大，完全沉迷其中了。

就在此时，形势急转直下，几个对手增加了赌注，只玩了两把，小哈利又输得精光了……这时候，小哈利才突然意识到，父亲所说的"赢的考验"究竟是什么——输，固然可怕，但如果被赢的喜悦刺激了头脑，忘乎所以的话，结果更加可怕。

从那之后，小哈利给自己制定了一个原则，那就是不管输赢，只要超过百分之十的话就立刻离场。而且，他也确实做到了。

对此，老哈利非常激动，他终于放心地把家业交到了小哈利手中，并说："在这个世上，能在赢时退场的人才是真正的赢家。"

这个故事与我们平常所看到的那些"鸡汤文"并无二致，但是在我看来，即便这是"鸡汤"，对七型人格的人来讲也是一碗值得喝的鸡汤——因为故事中最后点明主旨的那句话，确实是值得牢记的箴言。

对七型人格的人来讲，如果能够做到不被所谓的快乐冲昏头脑，沉迷于源源不断的刺激中；如果能够在最纵情肆意的时候退一步，想一想眼前的事情是否已经超出了自己的控制范围，那么，生活中的很多问题就可以迎刃而解了。

➤ 七型人格与机会主义

偶然的机会，我认识了一位曾经深陷传销的 C。

对于传销这种事物，我充满了疑问并很难想象，为什么那么可笑的骗局会让人深信不疑？为什么置身于传销中的人会失去在旁人看来最基本的判断力？所以，我带着浓厚的兴趣向他询问了一些关于传销的事情。

我问 C："你为什么会被骗到传销组织里去？"

C 说："那时候我刚毕业，找不到工作，心里很着急，正好我的一位好朋友给我打电话，说他找到了一份好工作，并且可以推荐我到他们单位去上班。就像溺水的人抓住了一根救命稻草似的，当时我没多想就去投奔他了。"

我问："那你是什么时候发现自己进了传销组织的？"

C说："我一到那儿就发现了。"

这让我有些不解，问道："那你为什么还要待在那儿不走？"

C说："其实，一开始我很害怕，就想马上走，但朋友对我说：'这里的人不会伤害你，你就留两天，两天以后你再走好不好？就算是陪陪我。'所以，我就多留了两天。"

我问："那两天里发生了什么事？"

C说："事后想想，其实，那两天我的心理很奇怪。一开始，朋友让我跟他一起去上课，我心想反正待着也是待着，就去听听吧。结果去了之后发现，一位老师正在讲理财方面的知识。其实，这方面的知识我也稍微懂一些，觉得这老师讲的与外面大部分人所说的都是一样的，也没有传说中的那么不靠谱嘛。"

我问："这时候，你是不是开始放松警惕了？"

C说："可能是吧，但当时我还是非常理性的，甚至我悄悄地对朋友说，这个老师一会儿肯定就会讲到让我们出钱的事了。果不其然，老师在讲了一会儿理财方面的知识之后，就说：'现在有一个项目，只要我们掏一些钱来投资，然后再找到三个人跟我们一起投资的话，就会获得很大的一笔收益。'"

我马上问道："多大的收益？"

C笑了，说："大到一般人一辈子都花不完。"

我问："你当时还是不信吧？"

C说："是，我当然不信了，哪有天上掉馅饼的好事。"

我问："那你最后为什么又信了呢？"

C说："后来，老师找来一些已经'投资成功'的人现身说法，他们个个都穿着名牌衣服，开着豪车，述说自己是怎么通过这个所谓的投资项目发的财。当然，对于这些人，我也是不信的。

"后来，他们又说，由于这个项目非常好，所以不是每个人都有机会参与，只有选中的人才有机会投资。而且，被选中的人最多也只能再找三个人一起投资，因为名额是固定的，不能多也不能少。

"这让我有些不解，因为一般而言，传销组织不是拉进来的人越多越好吗？为什么他只容许往里拉三个人呢？"

我问："所以，当时你动摇了？"

C说："其实，当时我也没动摇，但后来我又接连上了两天课，每天讲的都是这些内容。说实在的，到现在我也不解，我怎么就在那两天里慢慢地相信了他们说的话，真的开始积极地找下线了呢？"

我问："你在找下线的时候，心里想的是什么？"

C说："当时，我一心只想找到三个人跟我一起投资，将来我就可以拿到一大笔钱过上富足的生活，而且，这三个人也跟我一样，他们每个人只需要再找三个人，大家将来都能挣到钱，我觉得我是在帮他们。"

后来，C在寻找下线的时候，居然想到了自己的父母。C的父母在得知了C的情况之后，立刻意识到他被骗进了传销组织，然后找到一家专业的反传销组织解救出了他。而我恰好与这家反传销组织有过合作，因此才有机会与 C 有了上面的对话。

事后，反传销组织的一个组员问我："蔡老师，您能不能告诉我，为什么这些人这么容易上当受骗？他们当时到底是一种什么样的心理？"

我叹道："都是机会主义在作崇啊！"

大部分人，尤其是身处绝望中的人都希望得到一个机会。对他们来讲，自己就像是陷入深井中的人，机会就像是一条从井口放下来的绳子，一旦看见有绳子放下来，他们就会不假思索地抓住绳子往上爬。

但他们没有想到的一件事是，如果这条绳子是假的怎么办？如果爬到中间绳子断了会发生什么？那后果其实比没有绳子更可怕。

很不幸的是，有很多七型人格的人特别容易成为这样的人。因为，他们总是在追寻刺激，但是随着时间的推移能够触动自己的刺激会越来越少，所以他们需要更大的刺激来让自己变得快乐。

这就如同吃饭一样，你没有饭吃的时候，粗茶淡饭也能让自己满足；而粗茶淡饭吃惯了，就必须是精致的菜肴才能让自己满足；精致菜肴吃惯了，就必须是顶级厨师做的佳肴才能让自己满足。那顶级厨师做的佳肴也吃惯了之后，还有什么能让你满足的呢？

这时候，我们就掉进了"口腹之欲"的陷阱中，而对于无法控制住自己欲望的极端化的七型人格的人来讲，这样的陷阱实在太多了。这时候，他们会抓住一切可能的机会来给自己制造快乐，而极少去想所谓的机会究竟是否可靠。

所以，七型人格的人也是最容易被机会主义诅咒的一群人。事实也证明了这一点，在我与反传销组织合作的过程中，接触过许多曾经被传销组织欺骗的人，进而发现，这些人的性格中或多或少都有些极端化的七型人格元素。

极端化的七型人格的人容易成为机会主义者，他们会给别人这样的印象：他们会抓住一切让自己感到满足的机会，无论是美食、华服，还是美酒、咖啡，都是他们热衷的目标。所以，他们之中有一部分人会对某种东西成瘾，比如烟、酒等。

而且，这些人还有另外一个特点，就是他们一方面在尽情享受眼下的刺激，另一方面还会给自己勾画一个遥不可及的未来，唯独欠缺制订脚踏实地的中期计划的能力。

这是因为，他们无法摆脱眼下刺激事物的吸引，难以下定决心在看得见的未来做出改变，所以只好通过"大胆筑梦"来安慰自己——"将来我还有的是机会"，以此来逃避眼前的痛苦。

我认识的一位七型人格的 M 就是如此。

M 是一个酒精依赖者，每天都要喝一斤酒，雷打不动。他曾经在酒桌上对我说："我已经制订了一个'戒酒计划'，从下个月开始每天少喝一杯酒，这样的话，五个月内我就可以戒酒了。"

我看着他说："为什么要从下个月开始，从这一杯开始不行吗？"

M对我说："戒酒不能一蹴而就，必须慢慢来，我的计划就是从下个月开始。"

M说得有道理，可惜没有执行的决心，所以，五个月之后他依旧还是每天喝一斤酒。这就是通过"大胆筑梦"来逃避眼前痛苦的一个鲜明案例。

正因为极端化的七型人格的人总是在"找一个合适的机会"，而不懂得从实际出发，所以，这最终会让他们失去所有的机会。

那么，破解七型人格机会主义陷阱的方法是什么呢？就是四个字——活在当下。

所谓"活在当下"，第一，就是我们在做任何一件事情时都要想一想：当下我们为什么要做这件事情？不要随随便便开始，也不要随随便便结束，因为"随便"二字恰是一切不理性的根源。

第二，如果我们认为一件事情是有利的，就要当下去做。极端七型人格的人不是不知道对错，而是他们总觉得对的事情放到以后做也不晚，错的事情当下即便做了以后也能补救。

大错特错！

当下你做的每一件事，都会影响自己未来的路，所以，"活在当下"不是说让你不管未来，只管现在，而是说从当下开始，你就要对自己做的每一件事负责。

第三，如果你制订了一个计划，那么，这个计划的开端就一定是当下，而不是明天、明年，或者干脆是从"机会来了"开始。因为，真正好的机会永远是当下。

这才是七型人格的人真正需要的"机会"。

➤ 生命中不能承受之轻

"每当站在人生的十字路口，我都知道哪条路才是对的。但是，你可能不知道，我从来不走那条路。因为，通往正确的路往往也是最辛苦的那条。"一位年轻的朋友对我说。

我知道，这句话其实是他从电影《闻香识女人》里学来的，那部电影我也看过，但即便如此，他当面对我说出这番话的时候，我还是感到挺吃惊的。

因为，我原本以为人生中最难的事情是"明是非"，但是在那一刹那，我突然意识到，大部分情况下"明是非"其实不难，难的是在我们知道了什么是正确、什么是错误之后，朝着正确的路不避风雨地向前走下去。

抽烟的人都知道抽烟不好，可他们还是会义无反顾地点燃下一支烟。

即便是最顽劣的学生也知道好好学习才是正道，可他们还是会选择荒废学业。

每一个工作中的人都知道"今日事今日毕"，可还是逃不过懒惰的诱惑。

在正确和错误的十字路口，我们明明知道该往哪儿走，但一眼望去，正确的路上满是荆棘，而错误的路上呢，则有一个魔鬼变成的性感美女在向你频频招手。

我们明明知道顺着正确的路披荆斩棘最终会走向光明，顺着错误的路醉生梦死最终一定会陷入黑暗，但是，我们一来惧怕荆棘，二来抵不过魔鬼的诱惑，所以才会一次次做出错误的选择。

然后，我们开始咒骂命运的不公，但心里其实很清楚，今天的命运来自昨天的选择，而我们每一次糟糕的选择皆是因为自己的内心受到了蛊惑。

我们可以把快乐分为两种，一种是理想得以实现的快乐，比如，你希望获得好成绩，然后通过努力如愿以偿了；另一种是欲望被满足时的快乐，比如，你有抽烟的欲望，你点燃一支烟就获得了满足。

那么，这两种快乐有什么分别呢？用高晓松的一句话说就是："很多人分不清理想和欲望，理想就是当你想它时，你是快乐的；欲望就是当你想它时，你是痛苦的。"

所以，理想带来的快乐是经得起考验的，你想起它、实践它、实现它的整个过程都是快乐的。而欲望带来的快乐则不同，你想起它的时候，你不会快乐；你实现了它之后，也不会快乐——也就是在你实践它的一瞬间，你才会获得短暂的快乐。

比如，哪怕是一个酒鬼，清醒的时候他也知道过度饮酒是不对的，是让人感到痛苦的。但是，当他再次坐到酒桌前，把酒一杯一杯地往肚子里灌的时候，他会获得一种满足感，他是快乐的。可是，在第二天早上醒来他头痛欲裂的时候，这种快乐就马上会被悔恨、痛苦所替代。

这就是欲望，它给你短暂却强烈的刺激，同时也给你长久且持续的痛苦。

欲望人人都有，但大部分人都有足够的控制力去对抗自己的欲望，所以倒也没什么大问题。但是，如果一个人没有足够的控制力去约束自己的欲望，那么，他的生活就会失去控制。

由于工作的原因，我见过被各种各样的欲望所折磨的人。

有一个姑娘，在所有的事情上都属于那种非常自律的人，工作踏实、稳定，生活积极向上，但是她有一个小小的癖好——买口红。

一开始，这还只是一种习惯，在商场里、网上看到心仪的口红，她就一定会买来。但到了最后，这种占有欲发展成了"恋物癖"——只要看到口红，她就想买；看不到的时候，她就千方百计地去逛化妆品店，去搜索购物网站。

她告诉我，她已经有大量的口红了。这种对于口红的非理性的占有欲，不仅消耗了她的金钱，也牵扯了她的精力，使她感到深深的苦恼。

一个大学生告诉我，他难以克制唱歌的冲动，所以几乎每个星期六都要去 KTV 唱个通宵。从星期一开始，他就开始盼望着星期六的到来，以后的每一天，心中那种急不可待、蠢蠢欲动的情绪就增添一分。

由于没有经济收入，全靠生活费度日，所以为了周六晚上的"激情一夜"，他经常节衣缩食地过日子。可是，每个周日的凌晨，当他从 KTV 里走出来的时候，唱歌欲带来的满足感就会立刻烟消云散，喧嚣过后只剩下无比空洞的内心。

像这样的失控欲望，旁人其实真的很难理解。

"口红姑娘"理解不了"KTV 大学生"为什么那么执迷于唱歌，她会想："KTV 有什么好上瘾的，真怪！"而"KTV 大学生"也会觉得"口红姑娘"简直不可理喻："不就是口红吗？不买就不买了呗，有什么克制不了的？"

人总是这样，各有各的执念，但是又对别人的执念不屑一顾。如果说欲望是陷阱的话，那我们就是各种大小不同的动物。

碗口大的陷阱是一只老鼠的绝境，但是对大象来讲根本没什么威胁。相反，能困住大象的陷阱，老鼠走上去反而会如履平地。所以，有时候我们之所以没有被欲望所左右，不是因为我们已经拥有了足够强大的自制力，而是还没有遇到足以让自己沉溺其中的"刺激点"。所以说，每个人都要小心地躲避，才能不被欲望的陷阱所捕获。

因此，假如有一天你发现自己对某种事物产生了某种超乎寻常的兴趣时，一定要马上问问自己：这种东西是不是自己真正想要的？它们带给自己的究竟是长久的快乐，还是短暂的刺激？

我们一定要有这样的分辨能力，去搞明白"想要"这个心理背后真正的动机。

莎士比亚说："情欲犹如炭火，必须使它冷却，否则，那烈火会把心烧焦。"塞·约翰逊说："人最重要的价值在于克制自己的本能的冲动。"中国谚语云："淡泊明志，宁静致远。"

这些古今中外的名言警句，我们也要时刻牢记在心。

罗马大帝凯撒威震西方，临终时却对身边的人说："我死后，将我双手置于棺外，让世间的人都看看，伟大如我凯撒者，死后也不过是两手空空。"

所以，我们在看待自己内心的渴求时，一定不能沉迷于当下的感受，要看得更长远一些，搞明白哪些是我们抓得住的，哪些是我们抓不住的。

在我们做选择的时候，不能因为有些正确的决策太过沉重就失去了负重前行的勇气，更不能因为暂时的欢愉让我们暂时轻松就趋之若鹜——正如昆德拉所说，让一个人真正迷失的东西，恰是那难以承受的生命之轻。

➤ "假乐观，真悲观"的怪圈

七型人格是怎么来的？

通过我的观察，我发现一个普遍的事实，那就是大部分七型人格的人的童年都分为两部分——第一部分是完满的童年，在这段时间里，他们都经历过美好、富足、快乐、安逸的时光。

第二部分可称之为"被剥夺的日子"。在享受过童年时光之后，因某种原因，比如外在环境突生变故，甜蜜的生活一去不复返了。之后，他们会觉得沮丧，也更加害怕失去快乐——只要抓住快乐就不放，变成最会享受的那类人。

所以，从外表上来看，纵情享受的七型人格的人是乐观主义者，但是在骨子里，他们极度悲观，他们总认为未来不可确定，唯有抓住眼前的欢愉才是生活的真谛。

因此，要从根本上改变七型人格的人过度追求刺激这一局面的办法，就是让他们从"假乐观，真悲观"变成"真乐观，不悲观"。

公司里的青年小赵长得一表人才，工作也不错，总是来向我问一些专业问题，所以我对他的印象还不错。但是，据身边的其他人说，小赵是个典型的花花公子，女朋友换了一个又一个。

有一段时间，小赵跟一个来公司实习的小姑娘打得火热，我碰见他们好几次结伴下班，看样子，他们虽然没有住在一起，但也是郎有情、妾有意了。

年轻人之间的朦胧爱意，总是让我想起自己的青春岁月，我觉得还挺美好的。因此，我希望小赵能跟人家姑娘好好相处，不要再朝三暮四。

过了一段时间我发现，小赵跟那姑娘闹掰了，具体表现是：以往，他们见了面都会深情地对视一眼，然后姑娘微微低头，小赵眼含笑意。虽然大多时候他们什么话也不说，但从他们错肩而过时的款款身形里也能感觉到他们之间存在某种微妙的联系。但是，后来在公司碰见，他们也是先对视一下，然后马上转移视线，匆匆各奔东西。

我以为肯定是小赵又上演了"始乱终弃"的戏码才导致了如此局面，心想，不行，我得说一说他。所以，在某个中午休息的时候，我把小赵叫到了办公室。我开门见山地问："你和那姑娘又闹掰了？"

小赵先是吃了一惊，问道："您怎么知道？"然后，又做恍然大悟状，说："哎，在咱们这种办公环境里，心里真是不能有点小秘密。"

我说："跟工作没关系。你们什么情况，是个人眼不瞎就看得出来，到底怎么回事？"

小赵就把事情的经过给我讲了讲：小赵跟那个姑娘确实相互都有好感，两个人也经常一起出去玩。关系逐渐变得比较亲密后，有时候走在路上，姑娘甚至也会主动挽起小赵的胳膊。

眼见姑娘跟自己的关系日渐亲密，小赵觉得表白的机会到了，于是，某天在两个人逛街的时候，他鼓起勇气说："做我女朋友吧。"当时姑娘只是低下头，什么也没说。

两个人就这样尴尬地走着。而小赵的内心却是思绪万千，他想：姑娘为什么不说话，是不是她不喜欢我？这是不是代表拒绝了我？一定是的，她不喜欢我，这是拒绝我的意思！

然后，两个人溜达了一圈，又到了刚开始碰面的地方。姑娘对小赵说："咱们又到了开始的地方，你知道这是什么意思吗？"

这时候，已经笃定姑娘拒绝了自己的小赵回答说："你的意思是，从哪里开始，就在哪里结束。"

姑娘幽幽地看着小赵，说："好吧，那我们就在这里说再见吧。"后面的事情之前已经讲过，就是两个人在公司里碰到都形同陌路了。

听小赵说完这番话，我突然想到了一件事，就问他："听说之前你跟许多女孩都交情匪浅，但一直没有固定的女朋友，是不是之前你遇到的情况都跟这一次相似呢？"

小赵有些不好意思，低下头说："可能是我魅力不够吧，每次与女孩交往时都挺顺利的，但是我一表白，她们就会拒绝我。别人不知道情况，都认为我是个始乱终弃的人。"

我明白了。其实，从表面上看，小赵是个总在抓住一切机会跟不同女孩发展关系的"花花公子"，实际上，他是个不折不扣的悲观主义者。

为什么这么说呢？

这是因为，对悲观主义者来说，一件事如果不能证明是好的，那么就预设它是坏的。所以，每当女孩没有正面回应小赵的表白时，他会自然而然地、悲观地认为这传达了一种拒绝的信号，而不是觉得"那只不过是女孩的矜持，我只要再努力一把就离胜利不远了"。

再加上他本身也属于七型人格，所以，每当他认为"被拒绝"之后就会马上寻找新的机会，好让自己从过去的不愉快中走出来。长此以往，他就落下了个"花花公子"的名声。

所以，我对小赵说："悲观的人觉得未雨绸缪就可以降低不幸降临时受到的伤害，这是因为你内心非常缺乏安全感。但是，你要知道，女孩子往往矜持，也喜欢考验你——她不回应你，可能并不是想拒绝你，而是想看接下来你的表现如何，是不是有为爱执着的勇气。

"在女性眼中，男性魅力最重要的部分，恰恰就是勇于面对失败和不确定性，如果你能够恰当地表现自己的勇气和坚持，说不定就可以通过她们最后的考验。但是，你总是在最后的关卡选择放弃，这让你失去了很多机会，你明白了吗？"

小赵反问我："您的意思是说我应该死缠烂打？"

我有些气急败坏，说："你就非要搞得这么极端吗？要不就是一言不合一拍两散，要不就是死缠烂打、没皮没脸，不能走一条中间道路吗？每次，姑娘没说是也没说不是的时候，你再约她三次，三次过后还是没成的话，你再也不要去纠缠人家姑娘了，你说这样好不好？"

小赵点头说："好。"

数天之后，我又在街上碰到了小赵，他跟那个姑娘似乎"破镜重圆"了，两个人款款地走着，说笑着，姑娘笑得矜持，小赵笑得傻呵呵。我心想，青春真好，好就好在总有大把的机会，不怕犯错。

所以，对悲观主义的七型人格的人来说，你不妨活得青春一点，不要总是担心事情会向坏的方向发展，所以只注重眼前的欢愉，而是要拿出一点不怕失败、不怕困难的二杆子精神来，遇到困难别想着逃避，告诉自己就算是没有好结果，即便输一把也没什么大不了。

你也不要总是去想结果如何，很多时候，其实我们很难真正控制自己的未来，人生最需要的是抱着最好的希望去做最大的努力，而不要去强求结果，那样会产生太多不合常理的焦虑。

当你不焦虑未来、不担心失败的时候，就会发现，眼下的片刻欢愉不过是人生路上的鸡零狗碎，你还有更重要的事情去做。

▶ 你所认识的活跃型人格

七型人格的人，他们外向、主动，活泼开朗，精力充沛，兴趣广泛，时常在想办法满足自己的需求。但是，他们害怕承诺，渴望拥有更多，倾向于逃避烦恼、痛苦和焦虑，这也造成了他们性格上的弱点。

《花花公子》的创始人休·海夫纳就是典型的七型人格。对于海夫纳稍微有点了解的人都知道，他是一个亿万富翁，身边美女无数，一生声色犬马。在他人眼里，他的生活极度奢靡、堕落——实际上，年轻时他是一个老实、本分甚至有些唯唯诺诺的人。

海夫纳生在教师家庭，而且父母是虔诚的教徒，生活非常守旧——重视名誉，厌恶放纵。他的童年虽然生活富足而稳定，但是因为家庭教育的原因，他的个性非常内敛，甚至都不敢跟女孩子多说话。成年后，他也在家庭的安排下很快就结了婚。

海夫纳的第一任妻子叫米莉，是一个外貌普通的平凡女子。不过，在海夫纳的心里，家庭是一切，自己必须要保持忠诚和专一。为了维护好家庭，海夫纳认真工作，善待家人，是一名模范丈夫。

恰逢此时，第二次世界大战爆发了，海夫纳自告奋勇去前线做了一名战地记者。可是，当他在枪林弹雨、朝不保夕的战场上不断将战争的最新消息传达回国内的时候，他的妻子因为寂寞难耐投入到了别人的怀抱。

战争结束后回到家中，海夫纳发现妻子出轨了，这对于一贯忠诚的他而言，无疑是晴天霹雳。也就在此时，海夫纳的人生观发生了巨大的改变。

正如之前所说，七型人格的人都是先经历了一段稳定、美好的生活，然后，这种生活因为种种原因一去不返，所以，他们开始变得悲观，觉得只有抓住眼前的刺激及时行乐才是最重要的。

海夫纳正是如此。一直以来，他都过着稳定的生活，但是妻子出轨、家庭破裂让他意识到，原来生活中的一些美好都是可以在一夜之间被尽数剥夺的，原来所谓的天长日久并不是多么靠谱的事。

此外，他在战场见惯了生死，一个今天还鲜活的生命，可能还等不及明天的太阳升起来就已经陨落了，所以，他后来就变得比较超脱了。

这一切，使得他的道德观、婚恋观全都崩塌了，在他的观念中，婚姻成了一件可笑的事情。他说："（婚姻）适合某些人，但另一些人却不适合。以前结过两次婚，对太太非常忠诚，但必须承认，当浪漫和激情烟消云散的时候，发现了婚姻的可悲之处。"

抓住今天的美好时光尽情地享受，成了海夫纳认为最值得去做的事情。于是，海夫纳从原来的报社辞职了，他决定要开创最新鲜、也最易吸引人眼球的传媒形式，所以，以香艳美女照为第一卖点的《花花公子》杂志由此诞生了。

为了让自己的杂志一炮而红，海夫纳花 500 美元买下了一张玛丽莲·梦露裸照的版权。

当时美元的币值非常高，而花这么多钱买一张照片，在他人看来可以说是疯狂的举动。但此时的海夫纳已经不是过去那个小心谨慎的人了，在他看来，想到什么有趣的事马上去做才是最关键的，所以，他毫不犹豫地这么做了——这也是七型人格典型的做事方式。

在一间简陋的办公室里，海夫纳出版了第一期《花花公子》。没想到，这一期杂志上市后马上被抢购一空，给海夫纳带来了第一笔巨额收益。然后，他继续投资出版了很多期《花花公子》，并且越卖越好，很快成了美国男人最喜欢的一本杂志。

从此，海夫纳成了美国知名的传媒大亨、亿万富翁。与此同时，过去那个重视家庭的海夫纳也一去不复返了，他变成一个彻头彻尾的享乐主义者——为了能够尽情享乐，他买了一套非常豪华的别墅，并经常带着不同的女子出入其中。他的奢靡生活也成了美国人津津乐道的花边新闻。

当时，有很多人认为海夫纳这么做是道德低下的表现，对于青少年有着非常不好的影响。面对外界的质疑，海夫纳回应："人生太短，不要为别人而活。"然后，他依然我行我素。

纵观海夫纳的一生，我们看到了一部完整的"七型人格养成史"：从一开始的家庭稳定到妻子出轨，生活发生了巨大的变故，从一开始的老派价值观到变成享乐主义者，这是一个性格塑造的过程。

最终，海夫纳成了一个为刺激而活、为享乐不知疲倦的人，这完全符合七型人格的特质。

海夫纳的成功是典型的七型人格的成功——通过冒险、尝试和刺激周围人的感官获得了成功。当然，七型人格的人的缺点在他身上也一览无余，他放纵自己、害怕承诺、来者不拒、拒绝负责，这些特点也使得他饱受批评，名声受损。

可是，这就是七型人格的人，他们是天使，同时也是魔鬼。

第八个人

聚光灯下的人生

　　八型人格的人往往目光专注，习惯直视对方的眼睛，虽然面部表情不会显得过于严肃，但即便微笑也会透露出一股威严的气势。走路的时候，他们抬头挺胸，刻意扩展两臂摇摆的幅度，给人一种无所畏惧的感觉。

8 领袖型人格色彩——黄色

八型人格——领袖型人格的代表色彩是黄色。黄色是古代中国皇家的专属颜色，因为这种颜色充满了威仪，能代表最高权力。

八型人格的人往往目光专注，习惯直视对方的眼睛，虽然面部表情不会显得过于严肃，但即便微笑也会透露出一股威严的气势。走路的时候，他们抬头挺胸，刻意扩展两臂摇摆的幅度，给人一种无所畏惧的感觉。

八型人格的人往往非常强势，跟他们说话一定要抓住重点，因为他们对别人表达的细节没兴趣，更没耐心——他们只关注表达的最终信息。如果遇到别人表述细节不清或用语委婉、隐晦，他们会马上插话："你究竟想说什么？"

这就是典型的八型人格。

这种人的优点明显，缺点同样明显。独揽大权的确是一件能令他们愉悦的事情，但是，他们也应该牢记这句话：成功并不是只靠一个人就能完成的。

➤ 习惯主导一切的 W 先生

W 先生从小就是一个不甘平凡的人，不管什么事他总要争个第一，仿佛他的人生就是为了超越他人——学习，体育，甚至打扫卫生，样样如此。如果哪件事他没有得到第一名，他认为那简直是对他最大的侮辱。

长大以后，W 将这种习惯带入了生活，凡是有他在的场合，即便自己不是东道主，他也会展现得咄咄逼人，试图将局势控制在自己手里，掌握主动权。

他喜欢被称赞，喜欢人们崇拜自己的眼光，他看不起那些恐惧社交、害怕曝光的人，认为人活一世如果不能闯出点什么名堂，活着又有什么意思呢？

W 所展现出的霸道，往往会让人很不舒服，但是在生活中，像 W 这样为人处世的人比比皆是。

在不同的领域，不同的人多少会展现出一些自己的控制欲。例如，想要掌控自己儿女婚姻的父母，将一切权力掌握在自己手中的老板，甚至《三国演义》中的诸葛亮都是这样的人。

认识 W 是在朋友举办的聚会上，他是被邀请来的客人，但是他处处展现出了主人的姿态，谈笑风生，不断给大家劝酒——如果有谁不肯喝，他觉得那是不给自己面子，从他的脸上明显地能够找到不愉快的表情。

整场聚会下来，如果不是因为相熟，大家还以为 W 是东道主呢。

宴会结束以后，W 找到了我，用不容置疑的语气对我说："走，上我的车，咱们找个地方再喝点。"说完，他就朝着自己的车走了过去。

面对完全没有给我选择机会的 W，我心中的好奇超过了气愤，马上给家里打电话说今天可能要晚一点回去，随后就上了 W 的车。

上车以后，闲聊中我得知 W 的身家颇为丰厚，这是他多年来打拼的成果，但是，他却鲜少有时间去享受。他的房子有一座小花园，但他连花园里种了什么都不知道。装修华丽的别墅，他一年也住不上几次，多数时间都住在酒店里。

这种情况与我想象的相去甚远，于是我问 W："你赚这么多钱，究竟是为了什么？"

W 笑了笑，一副看穿我的表情的样子，说："你也想知道我赚钱不享受究竟是为了什么。我跟你说，我工作真的就是为了工作，没什么其他想法。我想要证明自己比别人强，就得不断地往上走，有些关卡，一松懈可能就再也上不去了。至于享受生活，等我干不动了再去怎么享受都行。"

聊天的过程中，W 还给下属打了两个电话，交待了一些生意上的事。他的做法让我产生了一种错觉：天色是不是还早？

于是，我看了一眼手表，发现已经是晚上9点半了。

W打完电话后又发了几句牢骚："现在的年轻人啊，跟以前真是没法比，我一个年近四十岁的人都挺得住，那些二三十岁的年轻人有什么挺不住的，都是些懒骨头。商场如战场，机不可失，时不再来，什么时候有事，什么时候就是工作时间。"

我看了一眼W，开玩笑地说："你肯定是个不讨员工喜欢的老板。"

W没有笑，反而认真地对我说："他们喜欢我干什么？他们喜欢我给他们发的工资就行了。相对于喜欢，我更希望他们能够尊重我，这就是今天我找你的原因。我感觉我的员工对我不够尊重，所以，我希望你能去我的公司给中低层管理人员上上课，告诉他们怎么尊重老板。"

我马上被W的话"气"乐了，问他："你觉得员工不够尊重你，那么你能告诉我，你的员工为什么要尊重你？"

W整理了一下思路，对我说："首先，以我的资产来说，在本地也算是个成功人士了吧？"

我点了点头，示意W继续说下去，他接着说："其次，我的员工待遇绝对对得起他们的工作。我的公司从不给员工画饼，从来都是多劳多得，加班费从不拖欠。"

我又点点头，说："你是个有良心的老板。"

接着，W说："我是个有社会责任感、有正义感的人，几天前那场'肇事逃逸案'你听说了吗？悬赏五万元寻找目击证人的不是死者的家人，而是我。我见不得有人干了坏事还逍遥法外。"

这句话着实让我惊了一下，原来前段时间闹得沸沸扬扬的"肇事逃逸案"是 W 帮着解决的。"这么说，你还真是值得员工去尊敬。但是，我得先问问你，你悬赏目击证人真的是出于社会责任感和正义感吗？完全没有别的想法吗？"

W 不高兴了，不过，他的情绪没有下降太多，继续对我说："那你说我是为了什么？悬赏目击证人，第一，我没有打着公司或者我个人的名义；第二，死者和肇事者双方都与我素不相识。所以，我能有什么私心？

"我做的好事多了，如果我把做慈善的钱捐给某个基金会，恐怕会比现在有名得多。不过，我信不过他们，还是觉得亲手把钱给有需要的人才可靠。"

听了这句话，我心里的最后一个疑惑也解开了，毫无疑问，W 就是八型人格——领袖型人格的人。他相信人定胜天，相信依靠自己的努力就能创造无限的可能性，相信自己注定要成为众人眼中的焦点，相信自己有了权力就能够号令他人。

没多久，我们就到了 W 所说的"喝点酒"的地方。那是一间相对比较清静的酒吧，进去后，W 点了两瓶红酒，并且拿出一叠钱递给服务员，跟酒吧驻场歌手点了几首歌。

我问他："怎么，歌手现在唱的歌你不喜欢？"

W 摇摇头说："不喜欢我就不来了，只不过，有钱我为什么不听自己最喜欢的歌呢？"

我不解地问："那点歌也用不着这么多钱吧？你点了四首歌，给的钱怕是有五千多元了。"

W 笑着跟我说："'天下熙熙，皆为利来；天下攘攘，皆为利往。'我给少了，他怎么会给我好好唱？"

果不其然，唱起 W 点的歌时，台上的歌手比刚才更卖力。

在接下来的时间里，我发现 W 并不是一个不讨人喜欢的人。W 表现得幽默风趣，见多识广，并且，他的身上好像总是有无尽的精力——他的这种状态甚至在不知不觉中感染了我，让我忽略了时间的流逝。

一直到他再次接到电话的时候，我才注意到时间已经过了零点。于是，我向 W 提出建议："时间不早了，我要回去了。"

W 也觉得是时候该散了，于是叫司机来，先送我回去。我到了家门口后，在打开车门下车的时候，W 对我说："别忘了我说的话，改天找你给我的员工上上课。"

我回头认真地看着 W，说："我觉得可能你比自己的员工更应该学会如何尊重人。"

夜里，我躺在床上想：毫无疑问，W 是领袖型人格，他在成长的过程中就远比他人有责任感，有上进心，并且渴望站在聚光灯下，吸引所有人的目光。

想要吸引他人目光的想法，并不是只有领袖型人格的人才有。每个人在成长过程中都经历过叛逆的青春期，在这段时间里，我们会想尽办法引起他人的注意。

很多我们在成年以后并不觉得是什么好事的事情，在那时候就会被我们认为是"酷"的。而随着年龄的增长，心智的成熟，我们就会放弃那些毫无意义又很幼稚的想法。

领袖型人格的人始终会保持对他人目光的渴望，但是，他们的做法会逐渐成熟——或是通过彰显自己的财力、权力，或是通过彰显自己卓然不群的品位，总之，他们会努力去成为真正有资格让他人瞩目的人。

信任感与责任感同样会伴随他们的一生，有时候会达到令常人不能理解的地步。毫无疑问，W存在这样的问题，并且不好解决。

➤ 生活就是一场战争

生活是什么？一千个人就会有一千个答案。

有人认为生活就是粗茶淡饭，相敬如宾，冷暖自知。但是，也有人有着截然不同的想法，他们认为生活就是一场战争，只有经过战斗自己才不会后悔，那才是真正的生活。

他们追求刺激，喜欢冒险，将世界看成是一个大型游乐场。不管做什么，他们都要求自己做到最好，同时要求身边的人也做到最好。即便遇到了困难，他们也会战斗到底，流尽最后一滴血，这是他们的人生信条。

生活就是战争，世界就是战场，战争是不能妥协的，该是他们承担的责任，他们就不会逃避。

美国著名励志大师、演讲家罗伯特·林格就是典型的领袖型人格，他的人生起点并不高，但是凭着自己的努力最终取得成功，站在了聚光灯下，成为万众瞩目的焦点。但是，他的成功也不是一蹴而就的，在登上高峰之前他也经历过很多低谷。

当时，罗伯特·林格已经创办了自己的公司，但由于公司投资过于分散，支出过多，导致入不敷出。没多久，他就无法维持自己的公司了，当时他的负债高达50万美元。

在那个年代，50万美元是个非常惊人的数字，所有人都觉得罗伯特·林格完了，他能走的道路恐怕只有宣布破产，然后去找一份工作度过平凡的一生。

但是，罗伯特·林格并没有这样做，他认为，作为一个有责任感的人，自己怎么能用宣布破产来逃脱银行的债务呢？于是，他选择了最为艰难的一条路去走。

为了偿还这笔50万美元的债务，罗伯特·林格辛勤拼搏了数年之久。在这个过程中，所有人都觉得他是个傻子，甚至有不少债权人认为他还有钱，只不过是把钱藏了起来，不想马上偿还。

我们无法想象罗伯特·林格过着怎样的日子，他又要付出多少努力才能够从一个远比0更加低的起点东山再起，但是，我们能够感受到他高度的责任感。

　　领袖型人格的人虽然有着丰富的责任感和正义感，但是这一切是建立在事情是由自己主导的基础上的。不管什么事，大事还是小事，好事还是坏事，只要涉及到他们，他们都不愿失去领导权——他们认为领导权就应该在自己手中。

　　做坏了事情，他们愿意承担责任；而做成了事情，他们也不谦虚，反而会做出胜利者的姿态，站在聚光灯下接受人们的崇拜。在他们的眼中，公理就是社会规则，而公理的制定者就是最有权力的人。但是，社会规则不应该是自然演变而来的，应该是成功者根据自己的要求和眼光所创造的。

　　所以，对他们来说，"强权就是公理"这句话是非常适用的。他们信奉强权，他们所展示出的精神面貌也是非常强势、霸道的，有时候用"独断专行""刚愎自用"来形容他们也很恰当。

　　掌握强权，并不代表就要成为一个压迫者，更多的时候他们更愿意成为人们的领袖，成为人们的守护者。他们的正义感和他们所能掌握的力量注定了他们所能扮演的社会角色，也正是这种社会角色给了他们最大的快乐。

　　制定社会规则是快乐的，如果不能制定社会规则，那么，在家里制定规则，在公司里制定规则，甚至在酒桌上制定规则，都会为他们带来偌大的快乐。

　　社会责任感让他们能够做一个出色的社会人，但是，人的精力总是有限的，他们虽然能够让大多数人满意，但总是会在不经意间忽略亲人。他们做不好一个称职的家人，这并不是他们的本意，虽然他们在这方面也足够努力，但是太多的事情总是在牵扯着他们的精力。

他们足够负责，在外人的眼中是合格的儿子、丈夫、父亲，但是对家人来说，经常有被他们忽略的感觉。他们忽略家人，又喜欢在家里掌控一切，所以，成为他们的家人所要承担的压力，远比成为其他类型人格的人的家人要多得多。

话题再次回到"生活就是战争"上来。世界是很公平的，生活也是很公平的，或许你拼命努力了也没能得到自己想要的生活，但是如果你不去努力，那么，你就绝对得不到自己想要的生活。

领袖型的人想要从生活中获得的事物远比他人多，他们足够努力，付出的也远比他人多。他们不得不将大量的时间和精力用在生活中，只有这样才能让他们满意。

几天后的一个周末，我接到 W 的电话。这是我第一次跟他进行通话，他的声音铿锵有力，透露出一股强大的自信。他在电话里对我说："有时间的话出来喝酒聊天，那天你不是说我更需要学会尊重人吗，要不是忙，我早就想找你谈谈这事了。"

我马上反应了过来。问题来了，如果想要解决 W 的问题，那么，今天我就绝对不能让他完全掌控主动权。于是，我对他说："上次都是你安排的，这次也让我投桃报李请你一回吧。何况我这儿还有点事要处理，你先过来吧。"

W 明显有些不愿意："大周末的，你还有什么事要处理的啊？不行的话，我让司机去接你。"

我强硬地说："你还想不想知道我说什么了？你过来，我就告诉你。"

在强烈好奇心的驱使下，W总算是不情愿地过来了。

我在家准备了点下酒菜，又打开了一瓶威士忌，打算跟W好好聊聊。

当W开门见山地询问我为什么说他不懂尊重人的时候，我马上岔开了话题，说谜底哪里有那么容易就会揭晓。我先问他最近在忙什么。

W摇摇头道："哪有什么'最近忙什么'，最近是我最不忙的时候。工作忙的时候我根本顾不上吃饭，几天几夜不闭眼都是常事。如今的商场很激烈，如果你不前进，那么就连现在的位置都保不住了——真是逆水行舟，不进则退。

"只要闲着的时候，我脑子里想的都是工作，只要想到一个好点子，不管多晚，马上我就会召集下属，临时开个视频会议，集思广益一下。万一竞争对手比你早一天拿出方案，那损失可就大了。"

我疑问道："什么？几天几夜都不闭眼？半夜还要开会？你的下属也愿意？你这日子可真是过得像打仗一样。"

"这种事，当然是钱到位、人到位。我给的待遇不敢说是业内最高的，但也绝对超过大多数同行。至于我，早就习惯了。生活对我来说就是一场战争，即便不全是，也占大多数。我跟那些富二代比不了，如今的家业都是我白手起家赚来的，一刻都不敢松懈。"W用一副理所当然的样子说道。

我不置可否地说："你知道诸葛亮是怎么死的吧？一代人杰可是活活累死的，你要再这么凡事都要抓在自己手里，恐怕你也快了。"

W想了一下说："你说的这些我也明白，我早就有退休计划了。再努力打拼几年，到时候公司一上市，我和公司的元老们就能够过上安稳的日子了。"

"就你这么工作，你公司里元老级别的员工还能有多少？"我笑了。

"让你说着了，最开始的那批员工到现在只剩下五个了，都是管理层人员。我也知道我在工作方面的要求太高，但是没办法，我从小就是这脾气，有什么好东西，我就想要马上做出来展现给人看，不然心里就不踏实。所以，我才想要做个大方的老板，在经济方面多补偿他们一些。"W坐直了身板说道。

我想了想，问W："能说说你小时候的事吗？"

每个人来到世上，对世界都会产生不同的认识。这部分认识不仅决定了我们如何待人接物，更是从最开始就影响着我们性格的形成与发展。

领袖型人格的人同样如此。他们的性格是非常外向、主动的，因为只有这样，他们才能够认识更多的人，才有机会驾驭更多的人。冒险与刺激是他们毕生的挚爱，因为成功总是伴随着冒险，没有任何一场成功是毫无风险的。

自信和正义感形成了他们的个人魅力，这是他们成为出色

领袖的基本条件。而权力欲、控制欲、好胜心，就是他们所有
力量的源泉。如果没有控制欲、权力欲，就没有什么能够驱使
他们将所有精力用在生活中了。

那么，是什么造就了他们的性格呢？

▶ 不断成长的欲望

通过 W 先生的自述，我了解到了以下情况。

W 出生于 20 世纪 70 年代初，家中还有哥哥弟弟，他排行
第二。或许，这个尴尬的位置注定了他在家中没有太多受人瞩
目的机会。他的大哥很快就成了家里的顶梁柱，承担起了家中
一部分的开销。而年纪尚小的弟弟获得了父母所有的宠爱，成
了父母的心头肉。

只有他还不到能够帮助家里分担压力的年纪，又不能像小
孩子一样肆无忌惮地对父母撒娇，因此，他从小就明白，想要
获得父母的关爱，他就必须做更多的事情。

当他开始在家里承担部分家务时，父母对他的态度显然比
之前要好上一些；当他在学校里取得优异成绩时，父母也会罕
见地对他进行夸奖，将更多的注意力放在他身上。凭着不断地
努力，他从父母身上获得了足够多的关怀。

父母对于儿女的疼爱是一种与生俱来的本能，但是，W 连

父母的疼爱都要靠自己不断地努力才能争取到。

正是这种残酷的事实告诉他，人来到这个世界上，从来就没有不花费任何力气就能够得到的东西——想要什么，就去努力。直到现在，他认为自己今天能够取得的成就完全是自己通过努力获得的。

W的经历在领袖型人格的人当中并不罕见，他们从小因为各种原因没有获得父母足够多的爱与关怀，如果他们想要获得的话，那么就必须不断地努力去争取，不断地展现出自己过人的一面。

只有在这种时候，他们的父母或者其他监护人才会给他们一些反馈，也正是在这种过程中他们变得强大起来了。他们不断地磨炼自己的意志，不断地力争上游，练就了强大的能力，也培养出了坚强的自信和一往无前的勇气。

凡事有利就有弊，这种从小就不断地战斗，讲究原则，认为人生中的一切都要靠自己争取，而自己获得的一切也都是自己争取而来的人，必定会产生某些认知上的错误。

事实上，人的一生是否能够争取到自己想要的东西，绝不仅仅是依靠努力和天赋就能够得到的，除去自身的因素外，运气和他人的帮助都是重要因素。

然而，不管是运气还是他人的帮助，都不在八型人格的人的成功诀窍里面，他们并不信任除了自己之外的任何人和事物。最重要的原因是，这些人和事物是不可控的，是他们不能够彻底掌握在手中的。

相对于不确定的因素，能够掌控的人和事物显然是他们的最爱。在他们眼中，不管是运气还是他人的帮助，都是锦上添花而已，是他们实力的一部分，是一场战争中可以利用的偶然因素。

W 讲完自己的成长经历后，我看着眼前的他，不禁问："你感到过孤独吗？"

W 深吸了一口气，说："孤独？我每天也这么问自己。虽然我身边有亲人，有朋友，也有很多下属，有时候我还是难以避免地感到孤独。但是，我觉得孤独的人可能不止我一个——在这个世界上，谁没有过孤独的时候呢？

"人们交朋友，无非就是为了有困难时互相帮衬一把。我觉得这样的朋友没什么意义，当我真的遇到了困难，真的有朋友愿意帮我吗？求人不如求己，这是我从小到大对于人际关系最深刻的理解。"

我问："所以，你的人际关系是怎样的？除了亲人之外，你跟任何人都是赤裸裸的利益关系吗？"

W 摇摇头，说道："当然不是，只不过，我真正交心的朋友没几个。大多数人要么是利益关系连接起来的，要么是君子之交淡如水，我觉得这没什么不好。另外，还有一些人处在两者之间，比如你。今天我到你这儿来，走的时候就应该给你咨询费。"

我反问道："怪不得你觉得自己不需要别人的喜欢了。你真的认为求人不如求己，任何时候别人都没帮过你，或者是以后也不会需要别人来帮你？"

听了我的话，W 明显发了一下愣，不解地问我："你什么意思？"

"今天的咨询费就先免了，你回去好好想想，好好观察一下，是不是真的没有任何人帮助过你。当然，我的意思是免费帮助你，不包括我。什么时候你发现了这种情况，再联系我。"

就这样，W 带着满心的疑惑离开了我家。

人际关系，永远是我们活在这个世界上绕不开的重要因素，即便是古代高高在上的皇帝也需要满朝大臣的支持。作为一名领袖，同样如此。

领袖只有能够率领他人的时候才能被称为领袖，如果只是孤家寡人，又怎么能被称为领袖呢？

领袖型人格的人对于人际关系并不看重，他们认为人际关系只不过是另外一种可以运用的资本。但是，想要掌控这种资本，远比掌控其他东西难。所以，在领袖型人格的人眼中，上下级、合作伙伴也是一种工具，在这种心态下，他人的喜爱就显得不那么重要了。

他们需要的是他人的尊重，因为从小他们就在通过自己的努力去吸引父母的目光。这就意味着自己能力突出，取得了成就，才能让他们体会到如在云端的感觉。

随着社会地位、家庭地位的不断提高，他们的性格也会随之改变。原本渴望获得家庭温暖的他们，在求而不得之后认识到，只有依靠努力才能取得自己想要的东西——这逐渐改变了他们渴求他人给予的想法。

对他们来说，依靠别人的给予并不可靠，不如自己去争取。

当一个人的心态从渴望他人给予，变成一切都要靠自己争取的时候，他们身上的气质也会发生截然不同的变化。他们行事会越来越霸气，越来越自信，越来越不喜欢别人对自己发号施令，甚至不允许别人替自己发号施令。在他们的眼里，有资格发号施令的只有自己。

▶ 学着去"受人恩惠"

恩惠，就是指在我们需要帮助的时候，他人无偿地为我们所做的付出。这些恩惠，有时候我们能回报，有时候永远也没机会回报。

越是文明、发达的社会，人们就越难感受到恩惠的存在，这不仅是因为人与人之间的交往越来越少，人际关系日渐冷漠，更是因为社会分工规划好了你在社会中的职责。所以说，随着无偿的付出越来越少，人们往往将他人的付出当成是理所应当的事情。

对领袖型人格的人来说，他人的付出就更是理所应当的事了，因为他们的世界里并不存在恩惠，只存在等价交换——别人之所以付出，是他们"买"来的。他们之所以能有如今的成就，是自己努力得来的。

试想一下领袖型人格的人的成长经历，他们在童年时期甚至连父母的关注都需要通过大量的努力才能获得，又有什么理由相信有人愿意给他们恩惠呢？

正是这种想法，导致了他们忽视人情，忽视恩惠，看不起一切对他们没用的人。他们不懂感恩，并不觉得自己受过别人的恩惠，享受过任何免费的午餐。

世界上的很多事并非是完成与没完成那样简单，如同我们的考试成绩一样，及格分数是 60 分，满分却有 100 分。做事也是一样，任何事情都可以做到及格，或者做到满分。一项工作，做到及格是你的职责，而是否需要做到满分，影响因素就非常多了——责任心，个人性格，人际关系，都有可能导致你做出不同的决定。

当你对他人的服务怀有感恩之心，从语言和态度上表示感谢的时候，自然就能获得他人的善意。"得道者多助，失道者寡助""众人拾柴火焰高"，你越能够得到大家的欢迎，那么，就越有机会走得更远，成为一个更加合格的领袖。

上一次见过 W 先生以后，我向他提出了一个问题。我心里根本就不知道他什么时候能够找到这个问题的答案，但是，对于一个彻底形成了并且已经具有一定威势的领袖型人格的人来说，他的顽固并不是简简单单就能够说服的，只有在生活当中他切实感受到了一些事情，才会真正明白我所说的事情。

这一等，就足足过了一个月。7月过去了，8月还是夏日炎炎。在8月的尾巴上，W打来了电话，问我："今天有时间吗？要不要出来聊聊？"

第一次听到他用询问的语气征求我的意见，我心里马上明白，这一个月没白等。于是，我对他说："还是来我这里吧，我准备酒菜。"

等我见到W的时候，发现他的精神面貌与之前大不相同了，相对于过去的专横、霸道，他显然开始尊重他人的感受了。也就是说，他学会了尊重人，学会了感受他人的恩惠，学会了如何正确地与人相处，让自己不再那样孤独。

在我询问他这一个月过得怎么样以后，他告诉我究竟发生了什么。

W有一位邻居，他的为人处世与W完全不同，我们姑且叫他"赵先生"好了。

赵先生总是和颜悦色地跟小区的保安、清洁工说话，见面的时候总是会寒暄几句。这种行为在W看来简直不可理喻，他们不过是物业人员，有些人更是临时工，跟他们打交道能有什么好处呢？

就在那一年的8月，趁着上小学的儿子放假，W带全家人一起外出旅游。不巧，这段时间我们所在的城市下了大暴雨，没有被及时导泄的雨水漫进了地下车库。

当 W 回到家的时候，发现自家的三辆车已经全都进了水，其中有两辆近乎报废。当他心痛不已时，发现隔壁赵先生的车根本没有被水淹过的样子，而据他所知，赵先生当时也外出旅游了。

当碰到赵先生的时候，W 好奇地询问他："为什么小区里有不少业主的车都被水淹了，而你外出旅游时车子没事。"赵先生说："啊，是负责卫生的老黄给我打了电话，说下了暴雨，恐怕车库会进水。我接到老黄的电话以后，马上打电话给我的同事，让他们帮我找拖车把车拖出来了。"

W 听完以后怒火中烧，马上就要去找老黄理论：为什么能给赵先生打电话就不能给自己打电话，难道是自己少交了物业费？就在他怒气冲冲地来到老黄面前时，老黄的一句话让他彻底平静下来了——老黄憨厚地咧嘴一笑，问："先生，您贵姓？"

W 这才想明白问题还真出在自己身上。

首先，这的确是物业的责任，如果要追责也应该去找物业，而不是找老黄，这并不在老黄的职责范围之内。

其次，自己跟老黄根本没什么接触，老黄又怎么知道他不在家？又怎么知道他的车停在车库里呢？退一万步说，老黄知道他不在家，知道他的车停在地下车库里，又有什么方式去通知他呢？老黄只是个清洁工，根本拿不到住户的联系方式。

再看看老黄，物业是给了他工资让他每天打扫卫生，现在根本就不是打扫卫生的时间，他却仍然在打扫。看着干净整洁的小区，原来自己和小区中的每个业主都在不知不觉中得到了老黄一定程度上的无偿服务。

到这时候 W 才明白，即便自己比老黄有钱得多，社会地位也要高得多，但自己并没有多给老黄什么——即便是微不足道的恩惠，自己仍然是亏欠了老黄。

从那之后，W 开始尝试改变自己的生活态度，改变看待他人的态度。他发现，生活中只要注意去观察，就会发现过去自己眼中的小人物带给自己的恩惠无处不在。比如，一个无偿帮自己在周末处理事情的下属，在买菜时给自己抹零的菜贩——原来，自己不知不觉间亏欠了他人这么多。

跟我说起这件事的时候，W 一会儿感慨，一会儿脸红得不行。我明白，这次他算是彻底看清楚自己的问题了。

我笑着对 W 说：“现在，你明白我为什么说你不懂尊重人了吗？”

W 点点头说：“明白了。我一直认为，我今天的一切都是自己努力得来的，但是，我的知识又是从何而来的呢？我的老师为我补课的时候，可是没有跟我收一分钱。我创业之初，有不少员工来自之前我工作过的公司，那些前辈教导我的时候，也从来没有想过从我身上得到什么回报，这可都不是我花钱能买来的。

“我今天的成就，既有自己努力的部分，更有我遇到的每个人对自己的恩惠，现在仍然如此。如果我的下属不愿意在非工作时间内陪我加班加点地熬夜，又怎么会有今天的我呢？”

临走前，W 对我说："对了，过几天你还是去给我的员工上上课吧。"

我想起之前的事，不禁脱口而出："讲什么？还讲如何尊重老板吗？"

W 老脸一红，说："不不，是讲感恩，你的咨询费我不会少给的。"

"现在你的咨询费还没给呢。"我立马接口道。

"我拿你当朋友，怎么还跟我要钱呢？钱就算了，有事你说话。"说完，他就风风火火地走了。

其实，我心里明白，所谓的给员工上课，就是支付咨询费的一种方法，而跟 W 成了朋友，可以说是我更大的收获吧。

感恩之心，是每个人都应该有的。中国人往往认为西方人过的感恩节是感谢父母的节日，其实，感恩节的内涵远不止于此。

感恩节的真谛是感谢你身边的每一个人，你的亲人，你的朋友，你的同事，甚至是你在生活中遇到的每一个人。

我们生活在这个世界上，与整个世界相比，我们的力量不值一提。作为社会的一员，或许你比他人更有能力，你取得了比他人更高的成就，但这并不代表你就能够脱离他人独自生活。

对领袖型人格的人来说，更要注意感恩，因为你的成就绝不是靠自己一个人就能获得的，更多是靠众人的力量——他们或是在你的生活中为你提供了便利和帮助，或是组成了你事业的一块砖头，一颗螺丝钉——如果没有他们，也就没有今天的你。

人生而孤独，但是没有谁可以在世界上独自前行。怀抱感恩之心，认真对待在生活中遇见的每一个人吧。

➤ 你所认识的领袖型人格

相对于其他喜欢做"幕后老板"的领导来说，领袖型人格的人更加愿意站到台前来。他们信奉自强不息，信奉只有努力拼搏，才能获得自己想要的东西。

喜欢掌控一切是他们的一个显著特点，对他们来说，权力就是精神鸦片，能让他们上瘾。不管是在工作中、家庭中还是社会活动中，他们总是想要成为那个"说话算数"的人。

同时，喜欢独揽大权或许也是他们的缺点之一，而情绪波动较大、易怒、好胜心强也不是在任何时候都是好事。但是，不得不承认，他们的霸道，他们的大将之风，总能让他们拥有浓浓的人格魅力。

苹果公司的创始人之一，iPhone 手机的缔造者史蒂夫·乔布斯就是不折不扣的领袖型人格。从建立苹果公司到被逐出苹果公司，再到"王者归来"，这整个过程都与他喜欢掌控一切不无关系。

乔布斯本人身上展现出的控制欲是非常惊人的，有人曾评价说，如果他是个政治家，那么必定是个独裁者。也有人表示，乔布斯一半是天才，一半是魔鬼。这些都表明了乔布斯的控制欲。

在创立苹果公司取得了部分成就以后，乔布斯就开始独揽大权——他控制着公司前进的方向。当年，他被董事会撤销经营权，就是因为他不肯听董事会的劝告，一意孤行地推广自己的销售策略，所以导致了个人电脑市场被 IBM 大量蚕食。

离开苹果公司以后，乔布斯投资 1000 万美元收购了一家制作 3D 动画的工作室，并且成立了皮克斯动画公司，出品了《玩具总动员》等佳作。随后，他将皮克斯动画公司出售给了迪士尼，成了迪士尼的大股东。

乔布斯出售皮克斯，并不代表他的控制欲下降了，而是因为他志不在此。之后，当苹果公司遭遇危机的时候，乔布斯果断地再次回到了那个梦开始的地方。

接着，乔布斯马上接过了所有的权力，开始大刀阔斧地进行改革，并且取得了显而易见的成效。此后，苹果公司按照他的意愿走上了正轨，推出的 iMac 大受欢迎，又趁热打铁推出了 Mac OS X 系统，生生从微软嘴里抢下了一块肉。

当然，提到乔布斯，就不能不提 iPhone。在当年，iPhone 面世后，马上就有人意识到，这是一款划时代的手机，是一款能够改变人们生活的手机。人们为之疯狂，并且掀起了一波波销售狂潮。

但是，当时乔布斯所酝酿的可不只有手机，还有搭载 iOS 系统的 iPad 平板电脑。

iPad 平板电脑，这个概念在刚刚提出的时候是没有人看好的——用来办公，因为缺少实体键盘，所以不能取代传统笔记本电脑的位置。从便携度来说，又不如 iPhone 手机。

那么，属于 iPad 的定位究竟是什么呢？如果一款产品连定位都找不到，又怎么能受欢迎呢？结果证明，乔布斯的眼光是对的，他力排众议让 iPad 上市，果然又引起了购买热潮。

时至今日，不断有人认为可拆卸的平板电脑会对 iPad 造成致命的打击，但 iPad 在同类产品中的销量始终遥遥领先。有人甚至认为，iPad 是比 iPhone 更加杰出的产品。

领袖型人格的特点在乔布斯身上体现得淋漓尽致，他有独到的眼光和能力，不甘平庸，喜欢掌控一切，说一不二。如果他不是领袖型人格，那么皮克斯可能不会出现，iPad 可能也不会出现。

领袖型人格的另一个特点，是有充足的正义感和社会责任感，这一点在乔布斯身上体现得并不明显，因为他是个拒绝参加慈善事业的人。那么，他真的没有社会责任感吗？

事实并不是这样。W 先生一直在做慈善事业，只不过，他不假手于人，喜欢亲力亲为。乔布斯要更胜一筹，他所认为的回馈社会，不仅仅是将财产捐给慈善机构，而是想要通过自己的力量去改变社会。

乔布斯早年说过："拥有自己一辈子都花不完的钱是一种很大的责任，我觉得自己必须要把这些钱用完。如果你去世了，你肯定不想把这么多钱留给孩子，那会毁掉他们的。如果去世的时候没有孩子，那这些钱就会回到政府手里，我估计所有人都会觉得自己肯定会比政府更能妥善处理自己的钱。所以，问题在于如何更好地把这些钱还给这个世界，要把钱用在自己关心和有价值的事情上。"

在年轻的时候，乔布斯曾创立过慈善基金会，但是没有存在多久。此后，他又成为某慈善基金会的董事，但是在自己的建议屡屡受阻以后，他就退出了该基金会。

不能控制，甚至就连意见都不被采纳，相信这是一个领袖型人格的人所不能接受的。乔布斯的退出，显而易见。

从那之后，乔布斯就没有参与过任何慈善事业，他曾经公开表示过，他认为，一个人处在什么社会地位上，就需要承担什么责任，站得越高，责任就越大。他的职责就是尽量做出好产品，让后人踩在他的肩膀上看得更远，做出更好的产品。

对领袖型人格的人来说，他们从不在乎他人是否喜欢自己，而更在乎别人是否尊重自己。从这一点来看，乔布斯无疑是非常成功的。他在苹果公司的专制、霸道，相信每个关注苹果公司的人都有所耳闻。而他对员工破口大骂的故事，在各种关于他的作品中也并不罕见。

但是，在员工的心目中，乔布斯不是老板，不是领导，而是一名布道者，甚至有人将他称为"神"。

正是因为乔布斯的这些特点，导致公司高管普遍离职，合作伙伴公开宣称自己反感他。所以，作为领袖型人格的人，同样要注意发扬优点，改善缺点。

第九个人

"成全者"的世界

九型人格的人最怕引起冲突，他们性格温顺，但往往给人一种没有个性和满不在乎的感觉。有时候他们会显得优柔寡断，总是在配合别人，成全别人，因此牺牲了自己的利益。

9 和平型人格色彩——青色

九型人格——和平型人格的代表颜色是青色。青色是中国特有的一种颜色，象征着坚强、希望、古朴和庄重，同时也代表着博爱、非攻，是和平型人格最好的代表色。

九型人格的人最怕引起冲突，他们性格温顺，但往往给人一种没有个性和满不在乎的感觉。有时候他们会显得优柔寡断，总是在配合别人，成全别人，因此牺牲了自己的利益。

他们总认为通过自己的努力可以改变周遭的环境，让一切朝着更好的方向去发展，却忽视了一个事实，那就是任何事物的发展都受客观规律的制约，人做事的时候很难面面俱到，所以，即便你是好心，做出了违背客观规律的事情，最终也可能导致"坏"的结果。

所以，和平型人格的人首先要努力维护自己的权益，然后再去想着改变周围的环境。如果你连自己的权益都没维护好，那么这本身就制造了不公平的环境——只要不公平，最后都会失衡、失控，造成负面影响，也违背了自己的初心。

➤ "为谁而活？"这是个问题

一位企业家朋友 X 觉得很苦恼，原因是他在一项重要的人事任命上拿不定主意。这样的情形在他身上其实很少发生，因为他属于那种决断力很强的人，很少会有选择困难的时候。

所以，我问他："这次你究竟在纠结什么？"

X 给我详细地讲述了自己目前所面临的情况：他的一名下属，打从他创业开始就一直跟着他，从最基层的岗位做起，现在是中层管理人员。这名下属在公司里的人缘非常好，虽然他是元老级员工，但是依旧谦虚、谨慎、兢兢业业，对任何人都不会摆架子、甩脸子，所以，公司里上上下下都非常尊敬他。

从能力上讲，这名下属虽然不属于那种特别优秀的职场人，但胜在脚踏实地，再加上在公司里待的时间又长，所以在处理各方面业务的时候都很可靠。

X 说："按道理说，我早就应该提拔这名下属了，从资历、能力、忠诚度上来讲，他都完全有资格担任公司里的高层管理者。这么多年来，我虽然一直都在给他更好的经济待遇，但是始终下不定决心把他从中层提拔到高层。虽然他本人对此好像也没表现出很大的不满，做事依然尽职尽责，但从我这边来说，总觉得这事说不过去。"

我问："既然这个人是跟着你创业的元老，能力也没问题，**你为什么下不定决心提拔人家呢？难道说是因为他在公司里的人缘太好、威望太高，你对他有防备？**"

X一笑，说："你把我当什么人了？我难道就这么没自信？"

我说："所以我才奇怪嘛，到底是什么原因呢？"

X长吁了一口气，说："其实，原因也很简单，就是我觉得他好像缺乏领导力。"

我有些不解，问："刚才你不是说他在公司里人缘很好，工作能力也够，威望也有，怎么就缺乏领导力了呢？"

X说："这你就不懂了，不是说人缘好、威望高就是领导力的体现，那些真正有领导力的人，他们的人缘可能很一般，为什么呢？就是因为他们往往有杀伐决断的魄力，说得明白一点就是，**做事只求达成目标，不太重视别人的感受。**他们非常强势，不怕得罪人，不怕与别人产生冲突。

"但是，刚才我说的那名下属，在这方面就稍微差一些，他做事总是在维护别人的感受，很少以命令的口气跟别人说话，总是在商量、在协调。我就担心，这样的人如果真的当上了高层领导，他领导力不足的缺点恐怕就会暴露出来。这也是我纠结的根本原因。"

听完X的这番话之后，虽然我没见过他口中的这名下属，但是，一个"和平型人格"的形象已然浮现在我眼前。

所谓的和平型人格，这类人的核心价值观就是：我觉得自己是一个普通人，我会尽力维持和谐的生活，与他人避免冲突，我相信"忍一时风平浪静，退一步海阔天空"。所以，他们的注意力总是放在"我如何才能避免冲突"上。

九型人格的人往往内向、被动、乐观、随和，他们不会沽名钓誉，不喜欢命令别人，也不喜欢被别人命令。总而言之，他们属于那种友善、随和、包容和忍耐的人。

困扰和平型人格者的最大问题，就是"为谁而活"。

对绝大多数人来讲，这个问题不是问题，因为答案明摆着："为自己而活。"但是，和平型人格的人不是这样，由于对周遭的环境非常敏感，并且有一种强烈的维护和平环境的冲动，所以，很多时候他们甚至愿意牺牲自己的私利。

这是他们的优点，使他们在组织（这里指广义的组织，包括家庭、社会等方面）中起到了"黏合剂"的作用，维护了组织的稳定。这也是他们的缺点，因为太过于注重外部环境的稳定，会让他们失去自我，更容易被环境所左右。

那么，再回到 X 的疑问上——这样的一个人，究竟适合不适合提拔他成为高层管理者，他究竟有没有所谓的领导力呢？

我的答案是：可以！

所以，我对 X 说："虽然我对精英管理方面的了解没有你那么在行，不过，我曾经涉猎过许多相关的心理学研究，所以，我觉得你对领导力的理解似乎有些绝对化了。"

X 听后很感兴趣，说："那你具体说说，我也特想知道领导力在你们眼中究竟是什么样子。"

我说："传统观念认为，有气场、够强势才是领导力的体现，但是，这种认识恐怕是片面的。美国有一位非常著名的总统传记作家叫詹姆斯，他曾经提出过一个关于领导力的'三维理论'。

"后来，著名心理学家伯纳德在这个理论的基础上进行了扩展，他认为，领导一般可以分为三种：交易型领导、感召型领导和放羊型领导。当然，第三种领导其实不能算作常规领导，所以，大多数领导其实属于前两种。

"所谓的交易型领导，顾名思义，就是在跟手下'做交易'。这种领导完全以结果为导向，为了达成目标，他们会制定严格的奖惩制度，而且在处理与下级的关系时特别强调服从和权威。"

X点点头说："没错，这就是我说的领导力。"

我说："对。但是，这种领导也有缺点，由于他们赏罚分明，又特别重视独立和权威，所以，他们更容易被下属当成'监工'。简单来说，就是他们在下属眼里缺乏人情味，所以，下属对他们也不会有多少忠诚度，彼此之间更多的是利益交换——有利则合，利小不睦，无利则分。"

X若有所思，说："这种领导确实是攻坚的能手，但是，如果一家企业里都是这种人的话，恐怕整个企业文化会偏向于急功近利、人情淡薄。"

我点点头，说："没错。所以呢，在一家企业中，我们也需要一些感召型领导，他们不会刻板地采取客观标准来监控员工，而是会想方设法地营造一种积极向上的整体氛围，并希望通过这种氛围带动大家，激发他们的动力和创造力。

"一般来说，感召型领导在单位中不会刻意树立自己的权威，他们更愿意以导师、朋友的形象出现，并通过积极的沟通去团结下属、鼓励下属，帮助下属成为更好的人。"

X 说："我明白了，之前我提到的那名下属其实就是这样的人。"

我说："我对你的那名下属还不太了解，但是通过你的描述，我判断他可能确实属于这样的人。一家企业里，当然不能缺少你所说的那种以目标为驱动、很有个人权威的领导，但是，这不是说那些性格温和但富有感召力的人就不适合当领导——恰恰相反，如果单位里有这样的人存在，会给集体增添一些'人气'和'生机'，从企业的长远发展来看，这是有好处的。"

这次 X 陷入了更深的沉默中，过了好一会儿，他才对我说："我知道自己该怎么做了，你刚才的这番话对我很有启发。"

这次谈话也给了我一个启发，那就是：性格除了是我们的一张"名片"外，也是他人衡量你的一个因素，人们会用自己的标准去衡量各种性格——某个性格的人适合做什么，不适合做什么；某个性格的人一定会有哪些缺点，与他相处要注意什么，等等。

从理性上来讲，这当然属于一种偏见，但是难以避免。

有时候，我们很容易因为自己的性格被别人"归类"或"定义"，这会给我们带来一些好处，但在更多的情况下也限制了我们的发展。所以，无论我们是哪种性格，都要学会主动跳出性格定式，发现、展现一个不一样的自己。

➤ 最需要被成全的，恰恰是你自己

之前，我跟那位企业家朋友 X 的对话，其实是站在旁观者的角度去看待和平型人格的。在外人眼中，他们是"成全者"，总是在奉献，很多时候都是成全了别人，委屈了自己。

事实上，如果换一个角度来看的话，成全者最需要成全的人恰恰是自己。

作为成全者的和平型人格的人，无疑是每个圈子都希望拥有的一种人。但是，大家对这类人最大的一个误会，就在于认为他们目标不明确、缺乏决断力、过于重视维护气氛——说得直白一点，就是这些人的性格有点"软"。

如果你恰巧属于九型人格，如果你恰巧也被周围的人看作性格很"软"的人，你一定会反思：我到底做了什么才给大家留下这种印象？

那么，现在我来告诉你，你之所以会给人们留下如此印象，就是因为你总是在"抛弃"自己的三观——世界观、人生观、

价值观。

在这个世界上，每个人都有自己的价值观体系，所以，对于是非对错，我们都有自己的看法。很多时候，不同的人对同一件事情的看法会表现出难以想象的巨大差异。因此，人与人之间难免会因此而产生争论和不解，这也正常。

因为人与人的三观不同，所以才会有"朋友圈"的出现。所谓的朋友圈，其实就是一群三观接近的人组成的小团体。你为什么在与朋友交往的时候，会比在其他社交场合更加愉悦和舒心呢？就是因为你们三观接近，更容易达成一致。

但是，并不是所有的圈子都建立在相同的价值观基础之上。比如，我们的工作圈明显就不是一个价值观圈子，所以，大部分人在工作中都会觉得沟通成本要更高一些，也更容易产生三观上的差异。

面对这种情况，一般人都会采取两种对应策略：第一种是"忍"字放心头，具体表现就是搁置争议，寻求合作。第二种是忍无可忍无需再忍，具体表现就是拍案而起，正面应对。

可是，和平型性格的人采取的是另一套应对方式，首先：他们没办法忍受因为三观不同而形成的紧张气氛；其次，他们也不会拍案而起去正面应对冲突。那么，他们会怎么办呢？

那就是放弃自己的三观，去迎合别人的喜好。他们会想：冲突不都是因为三观不同而造成的吗？既然我改变不了你的三观，那就放弃我的三观去迎合你。这样，大家不就三观一致了吗？冲突不就没有了吗？问题不就解决了吗？

可是，和平型性格的人有没有想过，别人的问题解决了，圈子的问题解决了，可是你的问题解决了没有？

并没有！你只是为了别人、为了圈子，压抑了自己的情绪、需求和原有的价值观。

你迎合了别人的"心意"，但是你的"心意"并未因此而消失——它被你压制了，忽视了，你苦了自己的心，有朝一日它会爆发，也会让你尝尽苦水。

所以，和平型人格的人最大的问题，就是他认为自己的"心意"就是自己的，所以即便委屈了它、伤害了它，它也会像自己一样忍受着，不会反抗。

实际上并非如此。从心理学的角度来讲，其实人并不能主宰自己的全部意识，某些意识在你的大脑里形成了，它就必定会找到一个出口，你怎么都堵不住的。

有一个女孩子 H，大学毕业后就嫁给了自己的男朋友。

其实，当时 H 并不是特别想结婚，她的父母、亲戚也都觉得大学刚毕业就结婚不是特别的负责任。但是，从他们毕业开始，男方家长就一直在催促，希望他们能早点结婚。

因此，虽然 H 不愿意，但是看到男方家长诚意十足就心软了，于是她说服了自己，也说服了父母，在毕业仅仅几个月后就成家了。但成家后，H 发现年轻的丈夫其实并没有做好各种准备——也就是说，丈夫结婚也非出于本意，只不过是为了满足父母的心愿。

所以，这位年轻的丈夫在婚姻中并没有完全承担起自己的责任，他把大部分家务都留给了 H 去做，自己仍然还像在学校里时一样，整天不是跟朋友出去玩，就是在家玩游戏。

当时，H 对婚姻非常失望，她提出了离婚，可是公婆说，婚姻不仅仅是两个人的事，更是两个家庭的事，希望她能够"顾全大局"。另一方面，H 也觉得丈夫会随着年龄的增长慢慢地成长起来，所以她暂时放弃了离婚的想法。

两年后，H 生下了一个漂亮的女宝宝。她觉得，有了孩子后丈夫会有所改变，他会承担起做一个好父亲的责任。

事实却给 H 泼了一瓢冷水——丈夫依然是少年心性，照顾孩子的责任全都落在了自己头上。而且，随着生活的压力越来越大，丈夫的脾气也越来越暴躁，有时候甚至会对她大打出手。

H 心凉了，她再次提出了离婚。但是，看着年幼的女儿，担心自己跟丈夫离婚之后女儿会成为一个在单亲家庭长大的可怜孩子，所以，她再次压制了自己的想法，将余生投入到了毫无希望的生活中。

终于，在某一天，H 回顾人生的时候，发现自己一辈子都在成全别人、委屈自己，到头来却毁了自己的生活。等她真正想要做出改变的时候，却发现随着时间的流逝，改变的"成本"也越来越高，甚至到了自己无法接受的地步……

这个故事是真实发生的，这样的女孩子——"她"不止是一个人，而是一群人。这么多年以来，这样的故事我听得太多了，所以，她代表了很多个"成全别人、委屈自己"的人。

一开始，他们都觉得可以通过"成全别人"来成全自己，也可以压抑住内心的不甘和反抗，但最后他们发现这会害了自己。而且，自己心中的苦闷并不会凭空消失——它只是被压抑了，等最终爆发出来的时候，它往往会携带巨大的负能量给自己带来巨大的伤害。

所以，如果你是一个和平型人格的人，请千万要记住：你的付出、你的牺牲，当然是你人性中"善"的一面，但是请你不要无底线地委屈自己，更不要为了成全别人而完全忽视自己的内心。

每个人的人生都是自己的，无论好与坏，幸福与悲伤，都是属于自己的真切感受。所以，我们都应该遵守自己内心世界的秩序，不要把自己的幸福建立在别人的喜好上。

当然，对和平型人格的人来说，想要做到这样的话，很难，很累。那就试着从现在开始，把自己的内心当成是一个独立的存在，听一听它的声音，尝试着用成全别人的方式去成全它。

➤ 好人和罪人的一线之隔

和平型人格的人，在大多数的人眼里是"好人"，大部分情况下也确实如此。由于他们遇事有牺牲精神，在利益面前不会表现出太多的功利心，与人相处时又总是释放最大的善意，当然是好人无疑了。

可是，这个世界有一个真理，那就是任何事分两面来看，比如一个好人怀着一颗好心，也不见得做出来的都是好事。

一位女校长收养了一位烈士的遗孤，那孩子天生是个哑巴，因此他极度自卑。

有一次，学校要选送一名有特殊才艺的学生参加一项非常重要的活动。校长的女儿和烈士遗孤通过了层层选拔，成为最终的两个候选人。所有人都认为，校长女儿的钢琴表演更加优秀，再加上校长的关系，所以一定会胜出。

但谁也没想到的是，校长说服了女儿和学生会，让他们选择烈士遗孤去参加这次的重要活动。校长这么做的理由是：那孩子太过于自卑了，所以希望他通过这一次的"胜利"去增强自信。

大部分人都会歌颂这位校长的无私，但是，在我看来，她的这种做法有失偏颇——因为她成全了烈士遗孤，成全了自己的名誉，却牺牲了自己女儿的机会。

如果说烈士遗孤自小失去家人、身体残疾是上天的不公，那么，校长女儿失去一次本该属于自己的机会，那就是人为的不公。

这两种不公哪种更不公，凡夫俗子很难说得清楚。但是，我们应该明白，虽然这个世界充满了各种各样的不公，但如果不公是你人为造成的，那么你就要负责任。

这件事情的最终结果是，校长的女儿被她的母亲说服了，让出了本该属于自己的机会。但是，她的性格与她的母亲有所不同，她不觉得母亲的所作所为是高尚的、正确的，于是对母亲心生愤恨，从那之后开始变得极度叛逆，她的人生轨迹也因此发生了转变。

这就是和平型人格的人的另一个问题，那就是有时候他们会忽视客观规律，好心办坏事。所以，和平型人格的人总是在"维持现状"——很多难以持续下去的事因为有了他们的存在，也得以勉强维持。但能维持多久？他们维持的结果是什么？恐怕他们也难以估量。

说到这里，我想起了一个和平主义者的典型——"圣雄"甘地。

二战前后，印度是英国殖民地，印度人民受到了殖民者极大的压迫。为了摆脱被殖民的命运，甘地做出了巨大的努力。

甘地是怎么做的呢？他在印度国内宣传自己的主张——"非暴力不合作"。意思就是：印度人不要通过战争手段把英国人打出国门，因为那样双方会死伤很多士兵，而是要通过"非暴力"手段，比如绝食，同时采取与英国人"不合作"的态度，将英国人赶出印度。

甘地的这种做法，恐怕是和平型人格的一个"终极体现"

了——为了维持稳定、少伤人命，并达到独立的目的，可以通过牺牲自己的方式来换取对方的妥协。

之所以讲这个故事，是想说，很多时候我们做的很多事虽然出发点是好的，但是不见得就一定能有好的结果。即便是像甘地这样伟大的人物，他的善举也一样会产生负面作用，更何况是普通人呢？

所以，如果你是一个和平型人格的人，首先要意识到一点，就是很多时候你的妥协、成全并非总是有益的。你不要总是过度高估妥协的力量，因为世界上有很多事并非你妥协了就一定会对大家都有益。

和平型性格的人，不应总是高估自己对于周遭环境的影响力，不要总觉得只要你懂得妥协、退让，即便你受点委屈，周围的人就一定会从中受益。这种认识是错误的，因为任何事情都有度，即便是"好心"也可能会办坏事。

作为一名普通人，其实，真正对他人、对社会都有利的做法是，我们要努力维护自己的权益，然后再去想着改变周围的环境。

如果你连自己的权益都没有维护好，那么，你本身就制造了一个不公的环境——只要是不公，最后都会失衡、失控，造成负面影响，这恐怕也不是你的初心吧？

▶ 和平型人格的相处之道

和平型人格的人，大部分通常是在一个幸福、稳定的家庭中长大的。父母对他们疼爱有加，因此，在他们的潜意识里，只要自己能够保持目前的稳定，就一定能获得持久的恬静和愉悦。

他们害怕任何可能破坏眼下氛围的事情发生，所以，在每一个环境中，他们总是会以维护者的形象出现。

之前讲了太多和平型人格的人的苦恼，事实上，这只是他们极端化的一个体现，之前也无数次说过，任何一种性格都没有好坏之分，所有来自性格的苦恼都是因为它走向了极端。

事实上，生活中大部分和平型人格的人都是非常快乐且受人尊敬的。跟我打交道最多的一个和平型人格的人，就是我们居委会的主任刘大妈。

刘大妈今年五十多岁，微胖，带着一副大眼镜，人很和善。其实，居委会这份工作并不好干，主要是琐事太多，而且，大多数都是家事或是邻里间的纠纷，很难说出个是非对错，但是不去干预还不行。所以，很多在居委会工作的人，天天都被东家长西家短的事搞得焦头烂额。

唯有刘大妈，每天元气十足，脚底生风，出入于大街小巷，哪里有纠纷哪里就有她的身影。她所到之处，口吐莲花，什么家庭矛盾、邻里纠纷，大多数都能迎刃而解。最关键的是，刘大妈热衷于自己的这份工作，每天满脸春风，乐此不疲，整个人的状态看起来好极了。

有一天我跟刘大妈聊天，她笑眯眯地对我说："你猜我最得意的事情是什么？"

我说："生出了个总裁儿子？"

刘大妈说："这件事我当然是很得意，但是，另外有一件事我也很得意——就是咱们社区的离婚率是全市最低的！而且，咱们社区还是全市出了名的文明社区。"

我赶紧恭维道："这还不是全仗您协调得好，要不是有您在咱们社区，不说别人，我都想离婚了。"

刘大妈满脸堆笑，拍了我一巴掌说："就你最贫嘴。"

对于刘大妈这样的和平型人格的人来讲，做着一份适合自己的工作，将自己性格中的闪光点发挥得淋漓尽致，无疑是一件幸运的事，而且也是周围人的幸运。如果你身边有这样的人，绝对是满满的正能量——与他们相处，轻松而愉悦。

但是，如果你身边的和平型人格的人不是你的亲人、朋友或下属，而是你的领导，那怎么才能与他们更好地相处呢？

这又是一个新问题。

有人可能觉得，和平型领导最好不过了，没那么严厉，也不会拿自己的权威来压服员工。没错，这是和平型领导的优点所在。但是，如果说和平型领导一定能让我们时刻都感到如沐春风，那可能是自己想多了。

和平型领导最大的特点，就是在努力地保持现状。

人事部主管小宋的上司就是这样的。有一次，小宋对公司的原有绩效考核制度提出了一个改进方案，马上找上司去汇报。

上司听了他的汇报，愣了半天才说："这个吧，我觉得还是少安毋躁。旧的制度实施了一年的时间，而且是前任老领导制定的，虽然说效果一般，但是也没什么错，还是保持老样子比较好。"

小宋恰好属于那种性子比较急的人，他说："这个真的不能再等了，早一天改进的话，咱们的工作效率和积极性就能早一天提高，总是维持现状，现在很多人都开始有想法了。"

上司稍稍思考了一下，又说："要不这样，你先写个关于绩效考核实施情况的报告给我看看，然后我再征询一下其他部门负责人的意见再说。"

眼看领导不温不火的，小宋的心也凉了下来。虽然公司后来还是按照他的改进办法实施了新的考核制度，但那也是半年以后的事情了。

小宋特别不理解，他在跟我聊天的时候说起这件事，很不满地说："为什么明摆着的事，落实起来就这么慢？"

我告诉他："上司的这些行为模式，其实都是他性格的直接反应。你的上司明显属于和平型领导，是一位特别重视维持现状的人，在做出任何改变之前他都会深思熟虑，不会大刀阔斧地进行改革。作为他的下属，你要学会适应他的性格，学着按照他的性格模式去做事。"

小宋问我："那这种领导的行为模式究竟是什么？"

我说："和平型领导是最求稳的领导，一般来讲，他们的行为模式表现为以下几个特点：追求舒适、追求简单、善于倾听、稳中求胜。追求舒适不是说他们喜欢享受，而是说他们喜欢在一个平衡的、没有摩擦的环境中工作。

"所以，这样的领导最容忍不了的就是那些在团队里制造矛盾和紧张气氛的人。但是，好处就是他们对下属也很好，一般不会严厉地批评下属。对不对？"

小宋点点头，说："这倒是，我从来没见上司当着所有人的面批评过谁。"

我说："是的，他们往往把下属当成了合作伙伴。他们不喜欢那种复杂的上下级关系，这也是他们的第二个特点，就是追求简单。他们希望构建一个简单的工作环境，没那么多上下级关系问题或繁文缛节。他们总是希望自己的团队变成一个类似于家庭的环境，这也是所有和平型人格所拥有的一个共同特点，他们走到哪里，都希望找到家的感觉。"

小宋想了想，说："这一点是真的，我们单位的氛围特别好，真是让人有种回家的感觉，这也是我喜欢现在这家单位的原因。但就是有一点，我感觉我们单位做什么事都不温不火，有一种温水煮青蛙的感觉，容易让人失去斗志啊！"

我说："凡事总是有好的一面，也有坏的一面，而且，这坏的一面不见得就是无法改变的。"

小宋问："怎么改？"

我说："与和平型领导沟通，首先你要做好万全的准备。在正式提出自己的观点之前，你一定要多调查，把你想表达的观点搞得清清楚楚，而且要依据充分。只要你'考虑周全，多提意见'，其实是可以帮助和平型领导快速做出决策的。

"而且，你一定要明白，你所提的意见要有一个最大的要素，那就是'稳'。即便你想要做出重大改变，也要想办法把事情分成几个阶段，一步一步稳稳推进，只有这样，和平型领导才会更容易接受你的观点。

"最后一点就是，和平型领导虽然看起来不太重视树立权威，其实内心非常希望你能够拥护他，因为在他的心中，来自下属的挑战是破坏团队氛围的罪魁祸首。所以，不管你的观点与他是不是一样，在表达的时候都要注意方法，不要让他觉得你是一个反对者。这很重要。"

这就是与和平型领导相处的一些"法则"，虽然我们永远不可能改变一个人，尤其这个人还是你的领导时，但不论他是什么样的性格，总有他的"沟通舒适区"——只要你找到了这个舒适区，用可以让他感到愉快的方式进行沟通，那么，这个世界上其实就不存在所谓的"冥顽不灵""油盐不进"。

这一点，对我们来说很重要。

➤ 你所认识的和平型人格

提及民国的才子佳人，徐志摩与陆小曼、林徽因与梁思成的故事几乎人尽皆知——尤其是徐志摩与陆小曼的故事，更是家喻户晓。但很少有人知道，在与徐志摩恋爱之前，陆小曼曾经结过一次婚，她的前夫叫王庚，是一个典型的和平型人格的人。

王庚是和平型人格，但他的职业一点也不"和平"，因为他是一名军人。也正因为他并非文化圈里的人，知名度不高，所以，关于他与陆小曼的故事，人们知之甚少。

陆小曼家世显赫，父亲陆定毕业于日本著名的早稻田大学，而且还是日本名相伊藤博文的得意弟子。回国之后，陆定当上了赋税司长，还一手创办了中华储蓄银行。可以说，他是当时的名人。

陆定先后有过八个孩子，可大都不到足岁就夭折了。只有陆小曼一人长大成人。她出生在显赫家庭，又是家中唯一的孩子，所以陆定夫妇对她百般呵护。

到了19岁的时候，陆定决定给宝贝女儿挑一个乘龙快婿，于是就选中了当时文武双全，号称"第一帅、第一有才、第一有手段"的王庚。

说起王庚，他的履历也非常惊艳。当年，清华毕业后他前往美国留学，先后在密歇根大学、哥伦比亚大学、普林斯顿大学就读。他先是在普林斯顿大学获得了文学学士学位，然后又来到赫赫有名的西点军校学习。

在西点军校，当时与王庚一起毕业的学生有137名，其中大部分是美国人，而他在全年级排第12名。美国传奇名将艾森豪威尔也是王庚的同学。

回国之后，没用多长时间，王庚就成了军队里的上校，可以说是前途无量。

陆小曼与王庚认识不到一个月之后就结婚了，他们在南京举行了非常豪华的婚礼。但是，陆小曼与王庚的婚后生活并不幸福，原因是他们的性格差异太大。

王庚是和平型人格，所以比较稳重，即便结婚了也不愿意改变以前的生活习惯——他每天依然是早睡早起，积极工作，很少参加聚会。但陆小曼是一个追求刺激、浪漫的人，她经常和朋友出去喝酒、跳舞、打牌，回家很晚，睡得也很晚。

王庚对陆小曼的这种生活方式非常不满，有时候会说她两句。但是，任性的陆小曼非但不听，还会大发雷霆，说出一些尖刻难听的话来回应。而王庚虽然心有不满，但是为了维持婚姻，到后来也就得过且过了。

王庚是梁启超的弟子，也是新月社成员，社中名人很多，包括胡适、徐志摩等大名鼎鼎的人。王庚与他们的交情比较深，所以经常邀请他们到家里来玩。

徐志摩比较大大咧咧，与王庚熟了之后，有事没事就往他家跑。而王庚工作繁忙，有时候抽不出身来招待徐志摩，就让妻子陆小曼去招待。就这样，徐志摩与陆小曼的接触越来越频繁。

那段时间，陆小曼与徐志摩有了大量独处的机会。他们一起去爬长城、逛天桥，到真光戏园看戏，去今雨轩喝茶，到西山上赏红叶……很快，两个同样追求刺激和浪漫的人就产生了感情。

陆小曼与徐志摩的情感是真挚的，不是逢场作戏。她告诉徐志摩：从前，她只是为别人而活，从没有自己的生活，她的生活都是别人安排好的，是别人要的，不是她要的。还在日记中写道："（徐志摩）这才是我心目中的理想伴侣。可是，我们相识在不该相识的时候。"

他二人情来意往，愈演愈烈。渐渐地，风声就传到了王庚的耳朵里。

王庚心知陆小曼对徐志摩动情，却不想放弃妻子，直到后来，他升官被调去上海任职，陆小曼又因徐志摩相思成疾，才写了一封信给她，信中说："如念夫妻之情，立刻南下团聚，倘若另有所属，决不加以阻拦。"直到此时，他还希望能够维持这段婚姻，把主动权交给了对方。

陆小曼呢，早就对自己的婚姻不满了，现在又有了徐志摩这么一个"完美恋人"，自然是覆水难收，于是她便跟徐志摩走到了一起。

王庚对待生活和婚姻的态度，体现了他和平型人格的所有特点：首先，结婚后，陆小曼依然放浪形骸，保持着从前的生活习惯，王庚虽然心里不满，但是既没有用激烈的手段去改变对方，也没有因两人之间巨大的、不可弥合的差异而选择离婚，而是在努力地维持现状。虽然两人的生活方式与价值观格格不入，但他还是选择了妥协和忍让。

其次，即便到后来陆小曼跟自己的好朋友"背叛"了他，但他也不过是选择了"躲避"，而不愿意主动站出来做个了断。

从这两个方面来看，和平型人格的人总是在成全别人，牺牲自己。

而这些和平型人格的重要特点，使得王庚的婚姻以失败告终。但是，假如他的另一半不是陆小曼，而是一个与他性格相近的人，那么，他会过上和谐美满的生活。

这就是一种性格的两面性。

人生不仅是像大多数人说的那样——"性格决定命运"，其实，很多时候人生中的某些际遇也使得我们的性格开出了不同颜色的花朵。

我们所能做的，就是努力活出更好的自己，更好的人生。

后 记

➤ 了解了"要什么"，就了解了全部

回到一开始我们所描述的那种"关系网"上。我想，没人会否定这张网的重要性，但凡对世事有一点了解的人都知道——越是成功的人，他所拥有的关系网就越大，他运用这张网的能力也越强。

有些人天生就善于在复杂的人际网中理清关系、抓住重点，这是一种"可怕"的天赋，并非人人都具备。

不过，我们可以肯定地说，那些善于利用人际网的人，都有同一个特质——他们知道这张网里每一个人内心最深处的追求和欲望。正因为他们知道别人想要什么，所以才能通过满足别人所需来换取自己所需。

说到底，人际关系就是各取所需那档子事！而通过了解九型人格理论，你也可以获得这种能力。

九型人格的核心要义在于，透过人际关系中那些浮在表面、纷繁复杂的利益纠葛、是非之争，从一切人际问题的根源——追求和欲望出发，去探索人性深处的秘密。所以，九型人格看起

来是将人简单地分成了九类，实质上成功地总结出了一个人的九种深层需求。

如果仅仅从表面上来看，人的需求和欲望数不胜数。有的人喜欢赚钱，有的人喜欢争权，有的人好饮酒，有的人喜华服，有的人爱面子，有的人爱交友……

但这不过是表象罢了，这些人们所追求的外在事物并非一成不变。比如，一个爱财的人，随着环境的变化可能会转而追求权力或名誉；一个好酒之徒，或许会因为某些原因而彻底戒酒。

这都是生活中时有发生的事情。

一个人外在的欲望会变，但深层的追求永远不会变。比如，疑惑型人格的人，永远不会变得做事不计后果、大大咧咧；领袖型人格的人，即便他是一名普通员工，没有权力也没有能力领导他人，但终归不会变得没有野心、盲从别人。

通过了解九型人格，我们能够透过欲望的表象剥去物质世界的外衣，从而去发现一个人内心真正的追求，从精神上对他产生更多的认识。

当我们知道了对方深层的追求和欲望，知道了他究竟想要什么，你就会发现，这个世界上根本没有无法理解的人，更不存在不能理解的行为。

与此同时，你会更加了解人际关系这张网的真相：善意因何而来？中伤有何目的？为何亲近，又为何疏远？哪些人与你志趣相同，可以长久合作？哪些人又是因为暂时的共同利益走到一起，实际上根本就是两路人？